禮記卷第十五

月令第六

仲春之月，日在奎，昏弧中，旦建星中。其日甲乙。其帝大皞，其神句芒。其蟲鱗。其音角，律中夾鍾。其數八。其味酸，其臭羶，其祀户，祭先脾。

始雨水，桃始華。倉庚鳴，鷹化爲鳩。

天子居青陽大廟，乘鸞路，駕倉龍，載青旂，衣青衣，服倉玉，食麥與羊，其器疏以達。

是月也，安萌芽，養幼少，存諸孤。擇元日，命民社。命有司，省囹圄，去桎梏，毋肆掠，止獄訟。

是月也，玄鳥至。至之日，以大牢祠于高禖，天子親往。后妃帥九嬪御。乃禮天子所御，帶以弓韣，授以弓矢，于高禖之前。

是月也，日夜分。雷乃發聲，始電，蟄蟲咸動，啓户始出。先雷三日，奮木鐸以令兆民曰：『雷將發聲，有不戒其容止者，生子不備，必有凶災！』日夜分，則同度量，鈞衡石，角斗甬，正權概。

是月也，耕者少舍。乃脩闔扇，寢廟畢備。毋作大事，以妨農之事。

是月也，毋竭川澤，毋漉陂池，毋焚山林。天子乃鮮羔開冰，先薦寢廟。

上丁，命樂正習舞，釋菜。天子乃帥三公、九卿、諸侯、大夫親往視之。仲丁，又命樂正入學習樂。

是月也，祀不用犧牲，用圭璧，更皮幣。

仲春行秋令，則其國大水，寒氣總至，寇戎來征。行冬令，則陽氣不勝，麥乃不熟，民多相掠。行夏令，則國乃大旱，暖氣早來，蟲螟爲害。

季春之月，日在胃，昏七星中，旦牽牛中。其日甲乙。其帝大皞，其神句芒。其蟲鱗。其音角，律中姑洗。其數八。其味酸，其臭羶。其祀户，祭先脾。

桐始華，田鼠化爲鴽，虹始見，蓱始生。天子居青陽右个，乘鸞路，駕倉龍，載青旂，衣青衣，服倉玉，食麥與羊，其器疏以達。

是月也，天子乃薦鞠衣于先帝。命舟牧覆舟，五覆五反，乃告舟備具于天子焉。

天子始乘舟，薦鮪于寢廟，乃爲麥祈實。

是月也，生氣方盛，陽氣發泄，句者畢出，萌者盡達，不可以內。天子布德行惠，命有司發倉廩，賜貧窮，振乏絶。開府庫，出幣帛，周天下。勉諸侯，聘名士，禮賢者。

是月也，命司空曰：『時雨將降，下水上騰，循行國邑，周視原野，脩利堤防，道達溝瀆，開通道路，毋有障塞。田獵罝罘、羅罔、畢翳、餧獸之藥，毋出九門。』

是月也，命野虞無伐桑柘。鳴鳩拂其羽，戴勝降于桑。具曲、植、籧、筐。后妃齊戒，親東鄉躬桑，禁婦女毋觀，省婦使，以勸蠶事。蠶事既登，分繭稱絲效功，以共郊廟之服，無有敢惰。

是月也，命工師，令百工，審五庫之量，金、鐵、皮、革、筋、角、齒、羽、箭、幹、脂、膠、丹、漆，毋或不良。百工咸理，監工日號：『毋悖于時，毋或作爲淫巧，以蕩上心。』

是月之末，擇吉日，大合樂。天子乃率三公、九卿、諸侯、大夫，親往視之。

是月也，乃合累牛騰馬，游牝于牧。犧牲、駒、犢，舉書其數。

命國難，九門磔攘，以畢春氣。

季春行冬令，則寒氣時發，草木皆肅，國有大恐。行夏令，則民多疾疫，時雨不降，山林不收。行秋令，則天多沉陰，淫雨蚤降，兵革並起。

孟夏之月，日在畢，昏翼中，旦婺女中。其日丙丁。其帝炎帝，其神祝融。其蟲羽。其音徵，律中中呂。其數七。其味苦，其臭焦。其祀竈，祭先肺。

螻蟈鳴，蚯蚓出，王瓜生，苦菜秀。

天子居明堂左个，乘朱路，駕赤騮，載赤旂，衣朱衣，服赤玉，食菽與雞，其器高以粗。

是月也，以立夏。先立夏三日，大史謁之天子曰：『某日立夏，盛德在火。』天子乃齊。立夏之日，天子親帥三公、九卿、大夫以迎夏于南郊。還反，行賞，封諸侯。慶賜遂行，無不欣說。乃命樂師，習合禮樂。命太尉贊桀俊，遂賢良，舉長大，行爵出祿，必當其位。

是月也，繼長增高，毋有壞墮，毋起土功，毋發大衆，毋伐大樹。

是月也，天子始絺。命野虞出行田原，爲天子勞農勸民，毋或失時。命司徒巡行縣鄙，命農勉作，毋休于都。

是月也，驅獸毋害五穀，毋大田獵。農乃登麥，天子乃以彘嘗麥，先薦寢廟。

是月也，聚畜百藥。靡草死，麥秋至。斷薄刑，決小罪，出輕繫。

蠶事畢，后妃獻繭。乃收繭税，以桑爲均，貴賤長幼如一，以給郊廟之服。

是月也，天子飲酎，用禮樂。

孟夏行秋令，則苦雨數來，五穀不滋，四鄙入保。行冬令，則草木蚤枯。後乃大水，敗其城郭。行春令，則蝗蟲爲災，暴風來格，秀草不實。

禮記卷第十六

月令第六

仲夏之月，日在東井，昏亢中，旦危中。其日丙丁。其帝炎帝，其神祝融。其蟲羽。其音徵，律中蕤賓。其數七。其味苦，其臭焦。其祀竈，祭先肺。

小暑至，螳螂生。鵙始鳴，反舌無聲。

天子居明堂太廟，乘朱路，駕赤駵，載赤旂，衣朱衣，服赤玉，食菽與鷄，其器高以粗。養壯佼。

是月也，命樂師脩鞀、鞞、鼓，均琴瑟、管、簫，執干戚戈羽，調竽笙竾簧，飭鍾磬柷敔。命有司爲民祈祀山川百源。大雩帝，用盛樂。乃命百縣雩祀百辟卿士有益于民者，以祈穀實。農乃登黍。

是月也，天子乃以雛嘗黍，羞以含桃，先薦寢廟。令民毋艾藍以染，毋燒灰，毋暴布。門閭毋閉，關市毋索。挺重囚，益其食。游牝別群，則縶騰駒。班馬政。

是月也，日長至，陰陽爭，死生分。君子齊戒，處必掩身，毋躁。止聲色，毋或進。

薄滋味，毋致和。節嗜欲，定心氣，百官靜事毋刑，以定晏陰之所成。

鹿角解，蟬始鳴。半夏生，木堇榮。

是月也，毋用火南方。可以居高明，可以遠眺望，可以升山陵，可以處臺榭。

仲夏行冬令，則雹凍傷穀，道路不通，暴兵來至。行春令，則五穀晚熟。百螣時起，其國乃饑。行秋令，則草木零落，果實早成，民殃于疫。

季夏之月，日在柳，昏火中，旦奎中。其日丙丁。其帝炎帝，其神祝融。其蟲羽。其音徵，律中林鍾。其數七。其味苦，其臭焦。其祀竈，祭先肺。

溫風始至，蟋蟀居壁，鷹乃學習，腐草爲螢。

天子居明堂右个，乘朱路，駕赤騮，載赤旂，衣朱衣，服赤玉，食菽與鷄，其器高以粗。

命漁師伐蛟，取鼉，登龜，取黿。命澤人納材葦。

是月也，命四監大合百縣之秩芻，以養犧牲，令民無不咸出其力，以共皇天上帝，名山大川，四方之神，以祠宗廟社稷之靈，以爲民祈福。

是月也，命婦官染采，黼黻文章，必以法故，無或差貸。黑黄倉赤，莫不質良，毋敢詐僞。以給郊廟祭祀之服，以爲旗章，以別貴賤等給之度。

是月也，樹木方盛，乃命虞人入山行木，毋有斬伐。不可以興土功，不可以合諸侯，不可以起兵動衆。毋舉大事，以摇養氣。毋發令而待，以妨神農之事也。水潦盛昌，神農將持功，舉大事則有天殃。

是月也，土潤溽暑，大雨時行，燒薙行水，利以殺草，如以熱湯。可以糞田疇，可以美土彊。

季夏行春令，則穀實鮮落，國多風欬，民乃遷徙。行秋令，則丘隰水潦，禾稼不熟，乃多女災。行冬令，則風寒不時，鷹隼蚤鷙，四鄙入保。

中央土。其日戊己。其帝黄帝，其神后土。其蟲倮，其音宫，律中黄鍾之宫。其數五。其味甘，其臭香。其祀中霤，祭先心。

天子居大廟大室，乘大路，駕黄騮，載黄旂，衣黄衣，服黄玉，食稷與牛，其器圜以閎。

孟秋之月，日在翼，昏建星中，旦畢中。其日庚辛。其帝少皞，其神蓐收。其蟲毛。其音商，律中夷則。其數九。其味辛，其臭腥。其祀門，祭先肝。涼風至，白露降，寒蟬鳴。鷹乃祭鳥，用始行戮。

天子居總章左个，乘戎路，駕白駱，載白旂，衣白衣，服白玉，食麻與犬，其器廉以深。

是月也，以立秋。先立秋三日，大史謁之天子曰：『某日立秋，盛德在金。』天子乃齊。立秋之日，天子親帥三公、九卿、諸侯、大夫，以迎秋于西郊。還反，賞軍帥、武人于朝。天子乃命將帥選士厲兵，簡練桀俊，專任有功，以征不義。詰誅暴慢，以明好惡，順彼遠方。

是月也，命有司脩法制，繕囹圄，具桎梏，禁止奸，慎罪邪，務搏執。命理瞻傷，察創視折。審斷、決獄，訟必端平。戮有罪，嚴斷刑。天地始肅，不可以贏。

是月也，農乃登穀。天子嘗新，先薦寢廟。命百官始收斂。完堤坊，謹壅塞，以備水潦。脩宮室，壞墻垣，補城郭。

是月也，毋以封諸侯、立大官。毋以割地、行大使、出大幣。

孟秋行冬令，則陰氣大勝，介蟲敗穀，戎兵乃來。行春令，則其國乃旱，陽氣復還，五穀無實。行夏令，則國多火災，寒熱不節，民多瘧疾。

仲秋之月，日在角，昏牽牛中，旦觜觿中。其日庚辛，其帝少皞，其神蓐收。其蟲毛。其音商，律中南呂。其數九。其味辛，其臭腥。其祀門，祭先肝。

盲風至，鴻雁來，玄鳥歸，群鳥養羞。

天子居總章大廟，乘戎路，駕白駱，載白旂，衣白衣，服白玉，食麻與犬，其器廉以深。

是月也，養衰老，授几杖，行糜粥飲食。乃命司服，具飭衣裳，文繡有恒，制有小大，度有長短。衣服有量，必循其故。冠帶有常。乃命有司申嚴百刑，斬殺必當，毋或枉橈。枉橈不當，反受其殃。

是月也，乃命宰祝循行犧牲，視全具，案芻豢，瞻肥瘠，察物色，必比類，量小大，視長短，皆中度。五者備當，上帝其饗。天子乃難，以達秋氣。以犬嘗麻，先薦寢廟。

是月也，可以築城郭，建都邑，穿竇窖，脩囷倉。乃命有司趣民收斂，務畜菜，多積聚。乃勸種麥，毋或失時。其有失時，行罪無疑。

是月也，日夜分，雷始收聲，蟄蟲壞户，殺氣浸盛，陽氣日衰，水始涸。日夜分，則同度量，平權衡，正鈞石，角斗甬。

是月也，易關市，來商旅，納貨賄，以便民事。四方來集，遠鄉皆至，則財不匱，上無乏用，百事乃遂。凡舉大事，毋逆大數，必順其時，慎因其類。

仲秋行春令，則秋雨不降，草木生榮，國乃有恐。行夏令，則其國乃旱，蟄蟲不藏，五穀復生。行冬令，則風災數起，收雷先行。草木蚤死。

禮記

禮記卷第十七

月令第六

季秋之月，日在房，昏虛中，旦柳中。其日庚辛。其帝少皡，其神蓐收。其蟲毛。其音商，律中無射。其數九。其味辛，其臭腥。其祀門，祭先肝。鴻雁來賓，爵入大水爲蛤，鞠有黄華，豺乃祭獸戮禽。

天子居總章右个，乘戎路，駕白駱，載白旂，衣白衣，服白玉，食麻與犬，其器廉以深。

是月也，申嚴號令。命百官貴賤無不務内，以會天地之藏，無有宣出。乃命冢宰，農事備收，舉五穀之要，藏帝藉之收于神倉，祇敬必飭。

是月也，霜始降，則百工休。乃命有司曰：『寒氣總至，民力不堪，其皆入室。』上丁，命樂正入學習吹。

是月也，大饗帝。嘗犧牲，告備于天子。合諸侯制，百縣爲來歲受朔日，與諸侯所税于民，輕重之法，貢職之數，以遠近土地所宜爲度，以給郊廟之事，無有所私。

是月也，天子乃教于田獵，以習五戎，班馬政。命僕及七騶咸駕，載旌旐，授車以級，整設于屏外。司徒搢撲，北面誓之。天子乃厲飾，執弓挾矢以獵，命主祠祭禽于四方。

是月也，草木黄落，乃伐薪爲炭。蟄蟲咸俯在内，皆墐其户。乃趣獄刑，毋留有罪。收禄秩之不當，供養之不宜者。

是月也，天子乃以犬嘗稻，先薦寢廟。

季秋行夏令，則其國大水，冬藏殃敗，民多鼽嚏。行冬令，則國多盗賊，邊竟不寧，土地分裂。行春令，則暖風來至，民氣解惰，師興不居。

孟冬之月，日在尾，昏危中，旦七星中。其日壬癸。其帝顓頊，其神玄冥。其蟲介。其音羽，律中應鍾。其數六。其味鹹，其臭朽。其祀行，祭先腎。

水始冰，地始凍，雉入大水爲蜃，虹藏不見。

天子居玄堂左个，乘玄路，駕鐵驪，載玄旂，衣黑衣，服玄玉，食黍與彘，其器閎以奄。

是月也，以立冬。先立冬三日，太史謁之天子曰：『某日立冬，盛德在水。』天子乃齊。立冬之日，天子親帥三公、九卿、大夫以迎冬于北郊，還反，賞死事，恤孤寡。

是月也，命大史釁龜筴占兆，審卦吉凶。是察阿黨，則罪無有掩蔽。

是月也，天子始裘。命有司曰：『天氣上騰，地氣下降，天地不通，閉塞而成冬。』命百官謹蓋藏。命司徒循行積聚，無有不斂。

壞城郭，戒門閭，脩鍵閉，慎管籥，固封疆，備邊竟，完要塞，謹關梁，塞徯徑。

飭喪紀，辨衣裳，審棺椁之薄厚，塋丘壟之大小、高卑、厚薄之度，貴賤之等級。

是月也，命工師效功，陳祭器，按度程，毋或作爲淫巧以蕩上心。必功致爲上。物勒工名，以考其誠。功有不當，必行其罪，以窮其情。

是月也，大飲烝。天子乃祈來年于天宗，大割祠于公社及門閭，臘先祖五祀，勞農以休息之。天子乃命將帥講武，習射御，角力。

是月也，乃命水虞、漁師收水泉池澤之賦，毋或敢侵削衆庶兆民，以爲天子取怨于下。其有若此者，行罪無赦。

孟冬行春令，則凍閉不密，地氣上泄，民多流亡。行夏令，則國多暴風，方冬不寒，蟄蟲復出。行秋令，則雪霜不時，小兵時起，土地侵削。

仲冬之月，日在斗，昏東壁中，旦軫中。其日壬癸。其帝顓頊，其神玄冥。其蟲介。其音羽，律中黄鍾。其數六。其味鹹，其臭朽。其祀行，祭先腎。冰益壯，地始坼。鶡旦不鳴，虎始交。天子居玄堂大廟，乘玄路，駕鐵驪，載玄旂，衣黑衣，服玄玉，食黍與彘，其器閎以奄。飭死事。命有司曰：『土事毋作，慎毋發蓋，毋發室屋，及起大衆，以固而閉。地氣沮泄，是謂發天地之房，諸蟄則死，民必疾疫，又隨以喪。命之曰暢月。』

是月也，命奄尹申宫令，審門閭，謹房室，必重閉。省婦事，毋得淫。雖有貴戚近習，毋有不禁。

乃命大酋，秫稻必齊，麴蘖必時，湛熾必絜，水泉必香，陶器必良，火齊必得，兼用六物。大酋監之，毋有差貸。

天子命有司祈祀四海、大川、名源、淵澤、井泉。

是月也，農有不收藏積聚者，馬牛畜獸有放佚者，取之不詰。山林藪澤，有能取蔬食田獵禽獸者，野虞教道之。其有相侵奪者，罪之不赦。

是月也，日短至，陰陽争，諸生蕩。君子齊戒，處必掩身。身欲寧，去聲色，禁耆欲，安形性，事欲静，以待陰陽之所定。芸始生，荔挺出，蚯蚓結，麋角解，水泉動。日短至，則伐木，取竹箭。

是月也，可以罷官之無事，去器之無用者。塗闕廷門閭，築囹圄，此所以助天地之閉藏也。

仲冬行夏令，則其國乃旱，氛霧冥冥，雷乃發聲。行秋令，則天時雨汁，瓜瓠不成，國有大兵。行春令，則蝗蟲爲敗，水泉咸竭，民多疥癘。

季冬之月，日在婺女，昏婁中，旦氐中。其日壬癸。其帝顓頊，其神玄冥。其蟲介。其音羽，律中大吕。其數六。其味鹹，其臭朽。其祀行，祭先腎。

雁北鄉，鵲始巢，雉雊，鷄乳。

天子居玄堂右个，乘玄路，駕鐵驪，載玄旂，衣黑衣，服玄玉，食黍與彘，其器閎以奄。

命有司大難，旁磔，出土牛，以送寒氣。征鳥厲疾。乃畢山川之祀，及帝之大臣，天之神祇。

是月也，命漁師始漁。天子親往，乃嘗魚，先薦寢廟。冰方盛，水澤腹堅，命取冰。冰以入，令告民，出五種。命農計耦耕事，脩耒耜，具田器。命樂師大合吹而罷。乃命四監收秩薪柴，以共郊廟及百祀之薪燎。

是月也，日窮于次，月窮于紀，星回于天，數將幾終。歲且更始，專而農民，毋有所使。天子乃與公、卿、大夫，共飭國典，論時令，以待來歲之宜。乃命太史次諸侯之列，賦之犧牲，以共皇天、上帝、社稷之饗。乃命同姓之邦，共寢廟之芻豢。命宰，歷卿大夫至于庶民，土田之數，而賦犧牲，以共山林名川之祀。凡在天下九州之民者，無不咸獻其力，以共皇天、上帝、社稷、寢廟、山林、名川之祀。

季冬行秋令，則白露蚤降，介蟲爲妖，四鄙入保。行春令，則胎夭多傷，國多固疾，命之曰逆。行夏令，則水潦敗國，時雪不降，冰凍消釋。

禮記卷第十八

曾子問第七

曾子問曰：『君薨而世子生，如之何？』孔子曰：『卿、大夫、士從攝主，北面于西階南。大祝裨冕，執束帛，升自西階，盡等，不升堂，命毋哭。祝聲三，告曰：「某之子生，敢告。」升，奠幣于殯東几上，哭降。衆主人、卿、大夫、士，房中皆哭，不踊。盡一哀，反位。遂朝奠。小宰升，舉幣。三日，衆主人、卿、大夫、士如初位，北面。大宰、大宗、大祝皆裨冕，少師奉子以衰，祝先，子從，宰、宗人從。入門，哭者止，子升自西階，殯前北面，祝立于殯東南隅。祝聲三，曰：「某之子某，從執事敢見。」子拜稽顙，哭。祝、宰、宗人、衆主人、卿、大夫、士，哭踊，三者三，降東反位，皆袒。子踊，房中亦踊，三者三，襲衰杖。亦出。大宰命祝史，以名遍告于五祀山川。』

曾子問曰：『如已葬而世子生，則如之何？』孔子曰：『大宰、大宗從大祝而告于禰。三月，乃名于禰，以名遍告及社稷、宗廟、山川。』

孔子曰：『諸侯適天子，必告于祖，奠于禰。冕而出視朝。命祝史告于社稷、宗廟、山川。乃命國家五官而後行。道而出，告者五日而遍，過是非禮也。凡告用牲幣，反亦如之。諸侯相見，必告于禰。朝服而出視朝。命祝史告于五廟所過山川。亦命國家五官，道而出。反必親告于祖禰，乃命祝史告至于前所告者，而後聽朝而入。」

曾子問曰：「並有喪，如之何？何先何後？」孔子曰：「葬，先輕而後重；其奠也，先重而後輕：禮也。自啓及葬不奠。行葬不哀次，反葬，奠而後辭于殯，遂脩葬事。其虞也，先重而後輕，禮也。」孔子曰：「宗子雖七十，無無主婦。非宗子，雖無主婦可也。」

曾子問曰：「將冠子，冠者至，揖讓而入，聞齊衰、大功之喪，如之何？」孔子曰：「內喪則廢，外喪則冠而不醴，徹饌而埽，即位而哭。如冠者未至，則廢。如將冠子而未及期日，而有齊衰、大功、小功之喪，則因喪服而冠。」「除喪不改冠乎？」孔子曰：「天子賜諸侯、大夫冕弁，服于大廟，歸設奠，服賜服，于斯乎有冠醮，無冠醴。父没而冠，則已冠，埽地而祭于禰，已祭而見伯父、叔父，而後饗冠者。」

曾子問曰：「祭如之何則不行旅酬之事矣？」孔子曰：「聞之小祥者，主人練

祭而不旅，奠酬于賓，賓弗舉，禮也。昔者魯昭公練而舉酬行旅，非禮也。孝公大祥，奠酬弗舉，亦非禮也。」

曾子問曰：「大功之喪，可以與于饋奠之事乎？」孔子曰：「豈大功耳，自斬衰以下皆可，禮也。」曾子曰：「不以輕服而重相爲乎？」孔子曰：「非此之謂也。天子、諸侯之喪，斬衰者奠；大夫齊衰者奠，士則朋友奠。不足則取于大功以下者，不足則反之。」曾子問曰：「小功可以與于祭乎？」孔子曰：「何必小功耳，自斬衰以下與祭，禮也。」曾子曰：「不以輕喪而重祭乎？」孔子曰：「天子、諸侯之喪祭也，不斬衰者不與祭。大夫，齊衰者與祭。士祭不足，則取于兄弟大功以下者。」曾子問曰：「相識，有喪服可以與于祭乎？」孔子曰：「緦不祭，又何助于人？」

曾子問曰：「廢喪服，可以與于饋奠之事乎？」孔子曰：「説衰與奠，非禮也。以擯相可也。」

曾子問曰：「昏禮既納幣，有吉日，女之父母死，則如之何？」孔子曰：「婿使人吊。如婿之父母死，則女之家亦使人吊。父喪稱父，母喪稱母。父母不在，則稱

伯父世母。婿已葬，婿之伯父致命女氏曰：『某之子有父母之喪，不得嗣爲兄弟，使某致命。』女氏許諾而弗敢嫁，禮也。婿免喪，女之父母使人請，婿弗取而後嫁之，禮也。女之父母死，婿亦如之。』

曾子問曰：『親迎，女在塗，而婿之父母死，如之何？』孔子曰：『女改服，布深衣，縞總以趨喪。女在塗，而女之父母死，則女反。』『如婿親迎，女未至，而有齊衰大功之喪，則如之何？』孔子曰：『男不入，改服于外次。女入，改服于內次，然後即位而哭。』曾子問曰：『除喪則不復昏禮乎？』孔子曰：『祭，過時不祭，禮也。又何反于初？』孔子曰：『嫁女之家，三夜不息燭，思相離也。取婦之家，三日不舉樂，思嗣親也。三月而廟見，稱來婦也。擇日而祭于禰，成婦之義也。』曾子問曰：『女未廟見而死，則如之何？』孔子曰：『不遷于祖，不祔于皇姑，婿不杖、不菲、不次，歸葬于女氏之黨，示未成婦也。』曾子問曰：『取女有吉日而女死，如之何？』孔子曰：『婿齊衰而吊，既葬而除之。夫死亦如之。』

曾子問曰：『喪有二孤，廟有二主，禮與？』孔子曰：『天無二日，土無二王，嘗、禘、郊、社，尊無二上。未知其爲禮也。昔者齊桓公亟舉兵，作僞主以行。及反，藏諸祖廟。廟有二主，自桓公始也。喪之二孤，則昔者衛靈公適魯，遭季桓子之喪，衛君請吊，哀公辭，不得命，公爲主，客入吊。康子立于門右，北面。公揖讓，升自東階，西鄉。客升自西階吊。公拜興哭，康子拜稽顙于位，有司弗辯也。今之二孤，自季康子之過也。』

曾子問曰：『古者師行，必以遷廟主行乎？』孔子曰：『天子巡守，以遷廟主行，載于齊車，言必有尊也。今也取七廟之主以行，則失之矣。當七廟、五廟無虛主。虛主者，唯天子崩，諸侯薨，與去其國，與祫祭于祖，爲無主耳。吾聞諸老聃曰：「天子崩，國君薨，則祝取群廟之主而藏諸祖廟，禮也。卒哭成事，而後主各反其廟。君去其國，大宰取群廟之主以從，禮也。祫祭于祖，則祝迎四廟之主。主出廟入廟，必蹕。」老聃云。』曾子問曰：『古者師行無遷主，則何主？』孔子曰：『主命。』問曰：『何謂也？』孔子曰：『天子、諸侯將出，必以幣帛皮圭告于祖禰，遂奉以出，載于齊車以行。每舍，奠焉，而後就舍。反必告，設奠，卒，斂幣、玉，藏諸兩階之間，乃出。蓋貴命也。」

子游問曰：「喪慈母如母，禮與？」孔子曰：「非禮也。古者男子外有傅，內有慈母，君命所使教子也，何服之有？昔者魯昭公少喪其母，有慈母良，及其死也，公弗忍也，欲喪之。有司以聞，曰：『古之禮，慈母無服。今也君爲之服，是逆古之禮而亂國法也。若終行之，則有司將書之以遺後世。無乃不可乎！』公曰：『古者天子練冠以燕居。』公弗忍也，遂練冠以喪慈母。喪慈母自魯昭公始也。」

曾子問曰：「諸侯旅見天子，入門，不得終禮，廢者幾？」孔子曰：「四。」「請問之。」曰：「大廟火，日食，后之喪，雨沾服失容，則廢。如諸侯皆在而日食，則從天子救日，各以其方色與其兵。大廟火，則從天子救火，不以方色與兵。」曾子問曰：「諸侯相見，揖讓入門，不得終禮，廢者幾？」孔子曰：「六。」「請問之。」曰：「天子崩，大廟火，日食，后夫人之喪，雨沾服失容，則廢。」曾子問曰：「天子嘗、禘、郊、社五祀之祭，簠簋既陳，天子崩，后之喪，如之何？」孔子曰：「廢。」曾子問曰：「當祭而日食，大廟火，其祭也如之何？」孔子曰：「接祭而已矣。如牲至未殺，則廢。」

禮記卷第十九

曾子問第七

天子崩，未殯，五祀之祭不行，既殯而祭。其祭也，尸入，三飯不侑，酳不酢而已矣。自啓至于反哭，五祀之祭不行，已葬而祭，祝畢獻而已。

曾子問曰：「諸侯之祭社稷，俎豆既陳，聞天子崩，后之喪，君薨，夫人之喪，如之何？」孔子曰：「廢。自薨比至于殯，自啓至于反哭，奉帥天子。」

曾子問曰：「大夫之祭，鼎俎既陳，籩豆既設，不得成禮，廢者幾？」孔子曰：「九。」「請問之。」曰：「天子崩，后之喪，君薨，夫人之喪，君之大廟火，日食，三年之喪、齊衰、大功，皆廢。外喪自齊衰以下，行也。其齊衰之祭也，尸入，三飯不侑，酳不酢而已矣。大功，酢而已矣。小功、緦，室中之事而已矣。士之所以異者，緦不祭。所祭，于死者無服，則祭。」

曾子問曰：「三年之喪，吊乎？」孔子曰：「三年之喪，練不群立，不旅行。君子禮以飾情，三年之喪而吊哭，不亦虛乎？」

曾子問曰：『大夫、士有私喪，可以除之矣。而有君服焉，其除之也如之何？』孔子曰：『有君喪服于身，不敢私服，又何除焉？于是乎有過時而弗除也。君之喪服除，而後殷祭，禮也。』

曾子問曰：『父母之喪，弗除可乎？』孔子曰：『先王制禮，過時弗舉，禮也。非弗能勿除也，患其過于制也。故君子過時不祭，禮也。』

曾子問曰：『君薨，既殯，而臣有父母之喪，則如之何？』孔子曰：『歸居于家，有殷事則之君所，朝夕否。』曰：『君既啓，而臣有父母之喪，則如之何？』孔子曰：『歸哭而反送君。』曰：『君未殯，而臣有父母之喪，則如之何？』孔子曰：『歸殯，反于君所，有殷事則歸，朝夕否。大夫室老行事，士則子孫行事。大夫內子，有殷事，亦之君所，朝夕否。』

賤不誄貴，幼不誄長，禮也。唯天子稱天以誄之。諸侯相誄，非禮也。

曾子問曰：『君出疆，以三年之戒，以椑從。君薨，其入如之何？』孔子曰：『共殯服，則子麻弁絰，疏衰菲杖。入自闕，升自西階。如小斂，則子免而從柩，入自門，升自阼階。君、大夫、士一節也。』

曾子問曰：『君之喪既引，聞父母之喪，如之何？』孔子曰：『遂既封而歸，不俟子。』

曾子問曰：『父母之喪既引，及塗，聞君薨，如之何？』孔子曰：『遂既封，改服而往。』

曾子問曰：『宗子爲士，庶子爲大夫，其祭也如之何？』孔子曰：『以上牲祭于宗子之家。祝曰：「孝子某，爲介子某薦其常事。」若宗子有罪，居于他國，庶子爲大夫，其祭也，祝曰：「孝子某，使介子某執其常事。」攝主不厭祭，不旅，不假，不綏祭，不配。布奠于賓，賓奠而不舉。不歸肉。其辭于賓曰：「宗兄、宗弟、宗子在他國，使某辭。」』曾子問曰：『宗子去在他國，庶子無爵而居者，可以祭乎？』孔子曰：『祭哉！』『請問其祭如之何？』孔子曰：『望墓而爲壇，以時祭。若宗子死，告于墓，而後祭于家。宗子死，稱名不言孝，身没而已。子游之徒，有庶子祭者以此，若義也。今之祭者，不首其義，故誣于祭也。』

曾子問曰：『祭必有尸乎？若厭祭亦可乎？』孔子曰：『祭成喪者必有尸，尸必以孫。孫幼，則使人抱之。無孫，則取于同姓可也。祭殤必厭，蓋弗成也。祭成喪而無尸，是殤之也。』孔子曰：『有陰厭，有陽厭。』曾子問曰：『殤不祔祭，何謂陰厭、陽厭？』孔子曰：『宗子爲殤而死，庶子弗爲後也。其吉祭特牲，祭殤不舉肺，無肵俎，無玄酒，不告利成，是謂陰厭。凡殤與無後者，祭于宗子之家，當室之白，尊于東房，是謂陽厭。』

曾子問曰：『葬引至于堩，日有食之，則有變乎？且不乎？』孔子曰：『昔者吾從老聃助葬于巷黨，及堩，日有食之，老聃曰：「丘！止柩，就道右，止哭以聽變。」既明反，而後行，曰：「禮也。」反葬，而丘問之曰：「夫柩不可以反者也，日有食之，不知其已之遲數，則豈如行哉？」老聃曰：「諸侯朝天子，見日而行，逮日而舍奠。大夫使，見日而行，逮日而舍。夫柩不蚤出，不莫宿。見星而行者，唯罪人與奔父母之喪者乎！日有食之，安知其不見星也？且君子行禮，不以人之親痁患。」吾聞諸老聃云。』

曾子問曰：『爲君使而卒于舍，禮曰：「公館復，私館不復。」凡所使之國，有司所授舍，則公館已，何謂私館不復也？』孔子曰：『善乎問之也！自卿、大夫、士之家曰私館，公館與公所爲曰公館。公館復，此之謂也。』

曾子問曰：『下殤土周，葬于園，遂輿機而往，塗邇故也。今墓遠，則其葬也如之何？』孔子曰：『吾聞諸老聃曰：「昔者史佚有子而死，下殤也，墓遠。召公謂之曰：『何以不棺斂于宮中？』史佚曰：『吾敢乎哉！』召公言于周公，周公曰：『豈，不可？』史佚行之。」下殤用棺衣棺，自史佚始也。』

曾子問曰：『卿、大夫將爲尸于公，受宿矣，而有齊衰内喪，則如之何？』孔子曰：『出舍于公館以待事，禮也。』孔子曰：『尸弁冕而出，卿、大夫、士皆下之，尸必式，必有前驅。』

子夏問曰：『三年之喪卒哭，金革之事無辟也者，禮與？初有司與？』孔子曰：『夏后氏三年之喪，既殯而致事，殷人既葬而致事。《記》曰：「君子不奪人之親，亦不可奪親也。」此之謂乎？』子夏曰：『金革之事無辟也者，非與？』孔子曰：

『吾聞諸老聃曰：「昔者魯公伯禽有爲爲之也。今以三年之喪從其利者，吾弗知也。」』

禮記卷第二十

文王世子第八

文王之爲世子，朝于王季日三。鷄初鳴而衣服，至于寢門外，問内豎之御者曰：『今日安否何如？』内豎曰：『安。』文王乃喜。及日中，又至，亦如之。及莫，又至，亦如之。其有不安節，則内豎以告文王，文王色憂，行不能正履。王季復膳，然後亦復初。食上，必在，視寒暖之節。食下，問所膳，命膳宰曰：『末有原。』應曰：『諾。』然後退。

武王帥而行之，不敢有加焉。文王有疾，武王不説冠帶而養。文王一飯亦一飯，文王再飯亦再飯。旬有二日乃間。

文王謂武王曰：『女何夢矣？』武王對曰：『夢帝與我九齡。』文王曰：『女以爲何也？』武王曰：『西方有九國焉，君王其終撫諸？』文王曰：『非也。古者謂年齡，齒亦齡也。我百，爾九十，吾與爾三焉。』文王九十七乃終，武王九十三而終。

成王幼，不能涖阼，周公相，踐阼而治。抗世子法于伯禽，欲令成王之知父子、君臣、長幼之道也。成王有過，則撻伯禽，所以示成王世子之道也。文王之爲世子也。

凡學世子及學士必時，春夏學干戈，秋冬學羽籥，皆于東序。小樂正學干，大胥贊之。籥師學戈，籥師丞贊之。胥鼓《南》。春誦夏弦，大師詔之。瞽宗秋學《禮》，執禮者詔之。冬讀《書》，典書者詔之。《禮》在瞽宗，《書》在上庠。凡祭與養老乞言，合語之禮，皆小樂正詔之于東序。大樂正學舞干戚，語説，命乞言，皆大樂正授數。大司成論説在東序。

凡侍坐于大司成者，遠近間三席，可以問。終則負墻，列事未盡不問。

凡學，春官釋奠于其先師，秋冬亦如之。凡始立學者，必釋奠于先聖先師。及行事，必以幣。凡釋奠者，必有合也，有國故則否。凡大合樂，必遂養老。

凡語于郊者，必取賢斂才焉。或以德進，或以事舉，或以言揚。曲藝皆誓之，以待又語。三而一有焉，乃進其等，以其序，謂之郊人，遠之。于成均，以及取爵于上尊也。

始立學者，既興器用幣，然後釋菜。不舞，不授器。乃退，儐于東序，一獻，無介語可也。

教世子。凡三王教世子，必以禮樂。樂，所以脩内也；禮，所以脩外也。禮樂交錯于中，發形于外，是故其成也懌，恭敬而温文。立大傅、少傅以養之，欲其知父子、君臣之道也。大傅審父子、君臣之道以示之，少傅奉世子以觀大傅之德行而審喻之。大傅在前，少傅在後。入則有保，出則有師，是以教喻而德成也。師也者，教之以事而喻諸德者也。保也者，慎其身以輔翼之而歸諸道者也。《記》曰：『虞夏商周，有師保，有疑丞。設四輔及三公。不必備，唯其人。』語使能也。君子曰德，德成而教尊，教尊而官正，官正而國治，君之謂也。

仲尼曰：『昔者周公攝政，踐阼而治，抗世子法于伯禽，所以善成王也。聞之曰：「爲人臣者，殺其身有益于君，則爲之。」況于其身以善其君乎？周公優爲之。』

是故知爲人子，然後可以爲人父；知爲人臣，然後可以爲人君；知事人，然後能使人。成王幼，不能莅阼，以爲世子，則無爲也。是故抗世子法于伯禽，使之與成王居，欲令成王之知父子、君臣、長幼之義也。君之于世子也，親則父也，尊則君也。有父之親，有君之尊，然後兼天下而有之。是故養世子不可不慎也。

行一物而三善皆得者，唯世子而已。其齒于學之謂也。故世子齒于學，國人觀之，曰：『將君我而與我齒讓，何也？』曰：『有父在則禮然。』然而衆知父子之道矣。其二曰：『將君我而與我齒讓，何也？』曰：『有君在則禮然。』然而衆著于君臣之義也。其三曰：『將君我而與我齒讓，何也？』曰：『長長也。』然而衆知長幼之節矣。故父在斯爲子，君在斯謂之臣。居子與臣之節，所以尊君親親也。故學之爲父子焉，學之爲君臣焉，學之爲長幼焉，父子、君臣、長幼之道得而國治。語曰：『樂正司業，父師司成，一有元良，萬國以貞。』世子之謂也。周公踐阼。

庶子之正于公族者，教之以孝弟、睦友、子愛，明父子之義、長幼之序。其朝于公，内朝則東面北上，臣有貴者以齒。其在外朝，則以官，司士爲之。其在宗廟之中，則如外朝之位，宗人授事，以爵以官。其登餕、獻、受爵，則以上嗣。

庶子治之，雖有三命，不逾父兄。其公大事，則以其喪服之精粗爲序，雖于公族之喪亦如之，以次主人。若公與族燕，則異姓爲賓，膳宰爲主人，公與父兄齒。族食，世降一等。

其在軍，則守于公禰。公若有出疆之政，庶子以公族之無事者守于公宫，正室守大廟，諸父守貴宫貴室，諸子諸孫守下宫下室。

五廟之孫，祖廟未毁，雖爲庶人，冠、取妻必告，死必赴，練、祥則告。族之相爲也，宜弔不弔，宜免不免，有司罰之。至于賵、賻、承、含，皆有正焉。

公族其有死罪，則磬于甸人。其刑罪，則纖剸，亦告于甸人。公族無宫刑。獄成，有司讞于公。其死罪，則曰：『某之罪在大辟。』其刑罪，則曰：『某之罪在小辟。』公曰：『宥之。』有司又曰：『在辟。』公又曰：『宥之。』有司又曰：『在辟。』及三宥，不對，走出，致刑于甸人。公又使人追之曰：『雖然，必赦之。』有司對曰：『無及也。』反命于公。公素服不舉，爲之變，如其倫之喪，無服，親哭之。

公族朝于内朝，内親也。雖有貴者以齒，明父子也。外朝以官，體異姓也。宗廟之中，以爵爲位，崇德也。宗人授事以官，尊賢也。登餕、受爵以上嗣，尊祖之道也。喪紀以服之輕重爲序，不奪人親也。公與族燕則以齒，而孝弟之道達矣。其族食世降一等，親親之殺也。戰則守于公禰，孝愛之深也。正室守大廟，尊宗室，而君臣之道著矣。諸父諸兄守貴室，子弟守下室，而讓道達矣。

五廟之孫，祖廟未毀，雖及庶人，冠、取妻必告，死必赴，不忘親也。親未絶而列于庶人，賤無能也。敬吊、臨、賻、賵，睦友之道也。古者庶子之官治而邦國有倫，邦國有倫而衆鄉方矣。公族之罪雖親，不以犯有司正術也，所以體百姓也。刑于隱者，不與國人慮兄弟也。弗吊，弗爲服，哭于異姓之廟，爲忝祖，遠之也。素服居外，不聽樂，私喪之也，骨肉之親無絶也。公族無宫刑，不翦其類也。

天子視學，大昕鼓徵，所以警衆也。衆至，然後天子至，乃命有司行事，興秩節，祭先師、先聖焉。有司卒事反命。始之養也。適東序，釋奠于先老，遂設三老、五更、群老之席位焉。適饌省醴，養老之珍具，遂發咏焉。退脩之，以孝養也。反，登歌《清廟》，既歌而語，以成之也。言父子、君臣、長幼之道，合德音之致，禮之大者也。下管《象》，舞《大武》。大合衆以事，達有神，興有德也。正君臣之位、貴賤之等焉，而上下之義行矣。有司告以樂闋，王乃命公、侯、伯、子、男及群吏，曰：『反，養老幼于東序。』終之以仁也。

是故聖人之記事也，慮之以大，愛之以敬，行之以禮，脩之以孝養，紀之以義，終之以仁。

是故古之人一舉事而衆皆知其德之備也。古之君子，舉大事必慎其終始，而衆安得不喻焉？《兑命》曰：『念終始典于學。』

《世子之記》曰：朝夕至于大寢之門外，問于内竪曰：『今日安否何如？』内竪曰：『今日安。』世子乃有喜色。其有不安節，則内竪以告世子，世子色憂不滿容。内竪言『復初』，然後亦復初。朝夕之食上，世子必在，視寒暖之節。食下，問所膳。羞必知所進，以命膳宰，然後退。若内竪言『疾』，則世子親齊玄而養。膳宰之饌，必敬視之。疾之藥，必親嘗之。嘗饌善，則世子亦能食。嘗饌寡，世子亦不能飽。以至于復初，然後亦復初。

禮記卷第二十一

禮運第九

昔者仲尼與于蜡賓，事畢，出游于觀之上，喟然而嘆。仲尼之嘆，蓋嘆魯也。言偃在側，曰：『君子何嘆？』孔子曰：『大道之行也，與三代之英，丘未之逮也，而有志焉。

『大道之行也，天下爲公，選賢與能，講信脩睦。故人不獨親其親，不獨子其子，使老有所終，壯有所用，幼有所長，矜寡孤獨廢疾者，皆有所養。男有分，女有歸。貨惡其弃于地也，不必藏于己，力惡其不出于身也，不必爲己。是故謀閉而不興，盜竊亂賊而不作。故外户而不閉，是謂大同。

『今大道既隱，天下爲家，各親其親，各子其子，貨力爲己。大人世及以爲禮，城郭溝池以爲固。禮義以爲紀，以正君臣，以篤父子，以睦兄弟，以和夫婦，以設制度，以立田里，以賢勇知，以功爲己。故謀用是作，而兵由此起。禹、湯、文、武、成王、周公，由此其選也。此六君子者，未有不謹于禮者也。以著其義，以考其信，著有過，刑仁講讓，示民有常。如有不由此者，在埶者去，衆以爲殃。是謂小康。』

言偃復問曰：『如此乎禮之急也？』孔子曰：『夫禮，先王以承天之道，以治人之情。故失之者死，得之者生。《詩》曰：「相鼠有體，人而無禮。人而無禮，胡不遄死？」是故夫禮必本于天，殽于地，列于鬼神，達于喪、祭、射、御、冠、昏、朝、聘。故聖人以禮示之，故天下國家可得而正也。』

言偃復問曰：『夫子之極言禮也，可得而聞與？』孔子曰：『我欲觀夏道，是故之杞，而不足徵也。吾得《夏時》焉。我欲觀殷道，是故之宋，而不足徵也。吾得《坤乾》焉。《坤乾》之義，《夏時》之等，吾以是觀之。』

『夫禮之初，始諸飲食，其燔黍捭豚，污尊而抔飲，蕢桴而土鼓，猶若可以致其敬于鬼神。及其死也，升屋而號，告曰：「皋某復！」然後飯腥而苴孰。故天望而地藏也。體魄則降，知氣在上，故死者北首，生者南鄉，皆從其初。

『昔者先王未有宮室，冬則居營窟，夏則居橧巢。未有火化，食草木之實、鳥獸之肉，飲其血，茹其毛。未有麻絲，衣其羽皮。後聖有作，然後脩火之利，范金合土，以爲臺榭、宮室、牖户。以炮以燔，以亨以炙，以爲醴酪。治其麻絲，以爲布帛，以養生送死，以事鬼神上帝，皆從其朔。

『故玄酒在室，醴醆在户，粢醍在堂，澄酒在下。陳其犧牲，備其鼎俎，列其琴、瑟、管、磬、鍾、鼓，脩其祝、嘏，以降上神與其先祖，以正君臣，以篤父子，以睦兄弟，以齊上下，夫婦有所，是謂承天之祜。

『作其祝號，玄酒以祭，薦其血毛，腥其俎，孰其殽，與其越席，疏布以冪，衣其浣帛，醴醆以獻，薦其燔炙。君與夫人交獻，以嘉魂魄，是謂合莫。然後退而合亨，體其犬豕牛羊，實其簠、簋、籩、豆、鉶、羹。祝以孝告，嘏以慈告，是謂大祥。此禮之大成也。』

孔子曰：『於呼哀哉！我觀周道，幽、厲傷之，吾捨魯，何適矣！魯之郊、禘，非禮也，周公其衰矣！杞之郊也，禹也；宋之郊也，契也，是天子之事守也。故天子祭天地，諸侯祭社稷。祝嘏莫敢易其常古，是謂大假。

『祝嘏辭説，藏于宗祝巫史，非禮也，是謂幽國。醆、斝及尸君，非禮也，是謂僭君。冕弁兵革藏于私家，非禮也，是謂脅君。大夫具官，祭器不假，聲樂皆具，非禮也，是謂亂國。

『故仕于公曰臣，仕于家曰僕。三年之喪，與新有昏者，期不使。以衰裳入朝，與家僕雜居齊齒，非禮也。是謂君與臣同國。

『故天子有田以處其子孫，諸侯有國以處其子孫，大夫有采以處其子孫，是謂制度。故天子適諸侯，必舍其祖廟，而不以禮籍入，是謂天子壞法亂紀。諸侯非問疾吊喪而入諸臣之家，是謂君臣爲謔。

『是故禮者，君之大柄也，所以別嫌明微，儐鬼神，考制度，別仁義，所以治政安君也。故政不正，則君位危；君位危，則大臣倍，小臣竊。刑肅而俗敝，則法無常；法無常，而禮無列；禮無列，則士不事也。刑肅而俗敝，則民弗歸也，是謂疵國。

『故政者君之所以藏身也。是故夫政必本于天，殽以降命。命降于社之謂殽地，降于祖廟之謂仁義，降于山川之謂興作，降于五祀之謂制度。此聖人所以藏身之固也。

禮記卷第二十二

禮運第九

『故聖人參于天地，並于鬼神，以治政也。處其所存，禮之序也；玩其所樂，民之治也。故天生時而地生財，人，其父生而師教之。四者君以正用之，故君者，立于無過之地也。

『故君者所明也，非明人者也。君者所養也，非養人者也。君者所事也，非事人者也。故君明人則有過，養人則不足，事人則失位。故百姓則君以自治也，養君以自安也，事君以自顯也。故禮達而分定，故人皆愛其死而患其生。

『故用人之知去其詐，用人之勇去其怒，用人之仁去其貪。故國有患，君死社稷謂之義，大夫死宗廟謂之變。故聖人耐以天下爲一家，以中國爲一人者，非意之也，必知其情，辟于其義，明于其利，達于其患，然後能爲之。

情？喜怒哀懼愛惡欲，七者弗學而能。何謂人義？父慈、子孝、兄良、婦聽、長惠、幼順、君仁、臣忠，十者謂之人義。講信脩

爭奪相殺，謂之人患。故聖人之所以治人七情，脩十義，講信脩睦，尚辭讓，去爭奪，捨禮何以治之？飲食男女，人之大欲存焉。死亡貧苦，人之大惡存焉。故欲惡者，心之大端也。人藏其心，不可測度也。美惡皆在其心，不見其色也。欲一以窮之，捨禮何以哉！

『故人者，其天地之德，陰陽之交，鬼神之會，五行之秀氣也。故天秉陽，垂日星；地秉陰，竅于山川。播五行于四時，和而後月生也。是以三五而盈，三五而闕。五行之動，迭相竭也。五行、四時、十二月，還相爲本也；五聲、六律、十二管，還相爲宮也；五味、六和、十二食，還相爲質也；五色、六章、十二衣，還相爲質也。

『故人者，天地之心也，五行之端也，食味、別聲、被色而生者也。故聖人作則，以天地爲本，以陰陽爲端，以四時爲柄，以日星爲紀，月以爲量，鬼神以爲以爲質，禮義以爲器，人情以爲田，四靈以爲畜。以天地爲本，故物可舉也陰陽爲端，故情可睹也。以四時爲柄，故事可勸也。以日星爲紀，故事可列也。月以爲量，故功有藝也。鬼神以爲徒，故事有守也。五行以爲質，故事可復也。禮義

以爲器，故事行有考也。人情以爲田，故人以爲奥也。四靈以爲畜，故飲食有由也。

『何謂四靈？』麟、鳳、龜、龍謂之四靈。故龍以爲畜，故魚鮪不淰；鳳以爲畜，故鳥不獝；麟以爲畜，故獸不狘；龜以爲畜，故人情不失。故先王秉蓍龜，列祭祀，瘞繒，宣祝嘏辭說，設制度。故國有禮，官有御，事有職，禮有序。故先王患禮之不達于下也。

『故祭帝于郊，所以定天位也；祀社于國，所以列地利也；祖廟，所以本仁也；山川，所以儐鬼神也；五祀，所以本事也。故宗祝在廟，三公在朝，三老在學。王前巫而後史，卜筮瞽侑皆在左右，王中心無爲也，以守至正。

『故禮行于郊，而百神受職焉。禮行于社，而百貨可極焉。禮行于祖廟，而孝慈服焉。禮行于五祀，而正法則焉。故自郊社、祖廟、山川、五祀，義之脩而禮之藏也。是故夫禮，必本于大一，分而爲天地，轉而爲陰陽，變而爲四時，列而爲鬼神。其降曰命，其官于天也。

『夫禮必本于天，動而之地，列而之事，變而從時，協于分藝，其居人也曰養，其行之以貨力、辭讓、飲食、冠、昏、喪、祭、射、御、朝、聘。

『故禮義也者，人之大端也，所以講信脩睦而固人之肌膚之會、筋骸之束也。所以養生送死，事鬼神之大端也。所以達天道，順人情之大竇也。故唯聖人爲知禮之不可以已也，故壞國、喪家、亡人，必先去其禮。

『故禮之于人也，猶酒之有蘖也，君子以厚，小人以薄。

『故聖王脩義之柄、禮之序，以治人情。故人情者，聖王之田也。脩禮以耕之，陳義以種之，講學以耨之，本仁以聚之，播樂以安之。故禮也者，義之實也。協諸義而協。則禮雖先王未之有，可以義起也。義者，藝之分、仁之節也。協于藝，講于仁，得之者强。仁者，義之本也，順之體也，得之者尊。

『故治國不以禮，猶無耜而耕也；爲禮不本于義，猶耕而弗種也；爲義而不講之以學，猶種而弗耨也；講之于學而不合之以仁，猶耨而弗穫也；合之以仁而不安之以樂，猶穫而弗食也；安之以樂而不達于順，猶食而弗肥也。四體既正，膚革充盈，人之肥也。父子篤，兄弟睦，夫婦和，家之肥也。大臣法，小臣廉，官職相序，君臣相正，國之肥也。天子以德爲車，以樂爲御，諸侯以禮相與，大夫以法相序，士以信相考，百姓以睦相守，天下之肥也。是謂大順。大順者，所以養生、送死、事鬼神之常也。故事大積焉而不苑，並行而不繆，細行而不失。深而通，茂而有間。連而不相及也，動而不相害也，此順之至也。故明于順，然後能守危也。

『故禮之不同也，不豐也，不殺也，所以持情而合危也。故聖王所以順，山者不使居川，不使渚者居中原，而弗敝也。用水、火、金、木、飲食必時。合男女，頒爵位，必當年德。用民必順。故無水旱昆蟲之災，民無凶饑妖孽之疾。故天不愛其道，地不愛其寶，人不愛其情。故天降膏露，地出醴泉，山出器車，河出馬圖，鳳凰麒麟皆在郊棷，龜龍在宮沼，其餘鳥獸之卵胎，皆可俯而窺也。則是無故，先王能脩禮以達義，體信以達順，故此順之實也。』

禮記卷第二十三

禮器第十

禮器，是故大備。大備，盛德也。禮，釋回，增美質，措則正，施則行。其在人也，如竹箭之有筠也，如松柏之有心也。二者居天下之大端矣。故貫四時而不改柯易葉。故君子有禮，則外諧而內無怨。故物無不懷仁，鬼神饗德。

先王之立禮也，有本有文。忠信，禮之本也；義理，禮之文也。無本不立，無文不行。禮也者，合于天時，設于地財，順于鬼神，合于人心，理萬物者也。是故天時有生也，地理有宜也，人官有能也，物曲有利也。故天不生，地不養，君子不以爲禮，鬼神弗饗也。居山以魚鱉爲禮，居澤以鹿豕爲禮，君子謂之不知禮。故必舉其定國之數，以爲禮之大經。禮之大倫，以地廣狹。禮之薄厚，與年之上下。是故年雖大殺，衆不匡懼，則上之制禮也節矣。

禮，時爲大，順次之，體次之，宜次之，稱次之。堯授舜，舜授禹，湯放桀，武王伐紂，時也。《詩》云：『匪革其猶，聿追來孝。』天地之祭，宗廟之事，父子之道，君臣之義，倫也。社稷山川之事，鬼神之祭，體也。喪祭之用，賓客之交，義也。羔豚而祭，百官皆足，大牢而祭，不必有餘，此之謂稱也。

諸侯以龜爲寶，以圭爲瑞。家不寶龜，不藏圭，不臺門，言有稱也。

禮有以多爲貴者。天子七廟，諸侯五，大夫三，士一。天子之豆二十有六，諸公十有六，諸侯十有二，上大夫八，下大夫六。諸侯七介七牢，大夫五介五牢。天子之席五重，諸侯之席三重，大夫再重。天子崩，七月而葬，五重八翣；諸侯五月而葬，三重六翣；大夫三月而葬，再重四翣。此以多爲貴也。有以少爲貴者。天子無介，祭天特牲。天子適諸侯，諸侯膳以犢。諸侯相朝，灌用鬱鬯，無籩豆之薦。大夫聘禮以脯醢。天子一食，諸侯再，大夫、士三，食力無數。大路繁纓一就，次路繁纓七就，圭璋特，琥璜爵。鬼神之祭單席。諸侯視朝，大夫特，士旅之。此以少爲貴也。

有以大爲貴者。宫室之量，器皿之度，棺椁之厚，丘封之大。此以大爲貴也。有以小爲貴者。宗廟之祭，貴者獻以爵，賤者獻以散，尊者舉觶，卑者舉角。五獻之尊，門外缶，門内壺，君尊瓦甒。此以小爲貴也。

有以高爲貴者。天子之堂九尺，諸侯七尺，大夫五尺，士三尺。天子、諸侯臺門。此以高爲貴也。有以下爲貴者。至敬不壇，埽地而祭。天子、諸侯之尊廢禁，大夫、士棜禁。此以下爲貴也。

禮有以文爲貴者。天子龍衮，諸侯黼，大夫黻，士玄衣纁裳。天子之冕，朱緑藻，十有二旒，諸侯九，上大夫七，下大夫五，士三。此以文爲貴也。有以素爲貴者。至敬無文，父黨無容，大圭不琢，大羹不和，大路素而越席，犧尊疏布鼏，樿杓。此以素爲貴也。

孔子曰：『禮不可不省也。禮不同、不豐、不殺。』此之謂也。蓋言稱也。

禮之以多爲貴者，以其外心者也。德發揚，詡萬物，大理物博，如此，則得不以多爲貴乎？故君子樂其發也。禮之以少爲貴者，以其内心者也。德産之致也精微，觀天子之物無可以稱其德者，如此，則得不以少爲貴乎？是故君子慎其獨也。古之聖人，内之爲尊，外之爲樂，少之爲貴，多之爲美。是故先生之制禮也，不可多也，不可寡也，唯其稱也。

是故君子大牢而祭謂之禮，匹士大牢而祭謂之攘。管仲鏤簋朱紘，山節藻棁，君子以爲濫矣。晏平仲祀其先人，豚肩不揜豆，浣衣濯冠以朝，君子以爲隘矣。是故君子之行禮也，不可不慎也。衆之紀也，紀散而衆亂。

孔子曰：「我戰則克，祭則受福。蓋得其道矣。」

君子曰：「祭祀不祈，不麾蚤，不樂葆大，不善嘉事，牲不及肥大，薦不美多品。」

孔子曰：「臧文仲安知禮！夏父弗綦逆祀而弗止也。燔柴于奥。夫奥者，老婦之祭也，盛于盆，尊于瓶。」

禮也者，猶體也。體不備，君子謂之不成人。設之不當，猶不備也。禮有大有小，有顯有微。大者不可損，小者不可益，顯者不可揜，微者不可大也。故《經禮》三百，《曲禮》三千，其致一也。未有入室而不由户者。

君子之于禮也，有所竭情盡慎，致其敬而誠若，有美而文而誠若。

君子之于禮也，有直而行也，有曲而殺也，有經而等也，有順而討也，有摲而播也，有推而進也，有放而文也，有放而不致也，有順而摭也。三代之禮一也，民共由之，或素或青，夏造殷因。

禮記卷第二十四

禮器第十

周坐尸，詔侑武方，其禮亦然，其道一也。夏立尸而卒祭。殷坐尸。周旅酬六尸。曾子曰：『周禮其猶醵與？』

君子曰：禮之近人情者，非其至者也。郊血，大饗腥，三獻爓，一獻孰。是故君子之于禮也，非作而致其情也，此有由始也。是故七介以相見也，不然則已慤。三辭三讓而至，不然則已蹙。故魯人將有事于上帝，必先有事于頖宮；晋人將有事于河，必先有事于惡池；齊人將有事于泰山，必先有事于配林。三月繫，七日戒，三日宿，慎之至也。故禮有擯詔，樂有相步，温之至也。

禮也者，反本脩古，不忘其初者也。故凶事不詔，朝事以樂。醴酒之用，玄酒之尚，割刀之用，鸞刀之貴，莞簟之安，而稿鞂之設。是故先王之制禮也，必有主也，故可述而多學也。

君子曰：『無節于内者，觀物弗之察矣。欲察物而不由禮，弗之得矣。故作事不以禮，弗之敬矣。出言不以禮，弗之信矣。故曰：禮也者，物之致也。』

是故昔先王之制禮也，因其財物而致其義焉爾。故作大事必順天時，爲朝夕必放于日月，爲高必因丘陵，爲下必因川澤。是故天時雨澤，君子達亹亹焉。

是故昔先王尚有德，尊有道，任有能，舉賢而置之，聚衆而誓之。是故因天事天，因地事地，因名山升中于天，因吉土以饗帝于郊。升中于天，而鳳凰降，龜龍假。饗帝于郊，而風雨寒暑時。是故聖人南面而立，而天下大治。

天道至教，聖人至德。廟堂之上，罍尊在阼，犧尊在西。廟堂之下，縣鼓在西，應鼓在東。君在阼，夫人在房。大明生于東，月生于西，此陰陽之分，夫婦之位也。君西酌犧象，夫人東酌罍尊。禮交動乎上，樂交應乎下，和之至也。

禮也者，反其所自生。樂也者，樂其所自成。是故先王之制禮也以節事，脩樂以道志。故觀其禮樂而治亂可知也。蘧伯玉曰：『君子之人達。』故觀其器而知其工之巧，觀其發而知其人之知。故曰：君子慎其所以與人者。

太廟之内敬矣！君親牽牲，大夫贊幣而從。君親制祭，夫人薦盎。君親割牲，夫人薦酒。卿大夫從君，命婦從夫人。洞洞乎其敬也，屬屬乎其忠也，勿勿乎其欲其饗之也。納牲詔于庭，血毛詔于室，羹定詔于堂，三詔皆不同位，蓋道求而未之得也。設祭于堂，爲祊乎外，故曰：于彼乎？于此乎？

一獻質，三獻文，五獻察，七獻神。大饗，其王事與？三牲、魚、腊，四海九州之美味也。籩、豆之薦，四時之和氣也。內金，示和也。束帛加璧，尊德也。龜爲前列，先知也。金次之，見情也。丹、漆、絲、纊、竹、箭，與衆共財也。其餘無常貨，各以其國之所有，則致遠物也。其出也，《肆夏》而送之，蓋重禮也。

祀帝于郊，敬之至也。宗廟之祭，仁之至也。喪禮，忠之至也。備服器，仁之

足以大旅。大旅具矣，不足以饗帝。毋輕議禮。」

子路爲季氏宰。季氏祭，逮闇而祭，日不足，繼之以燭。雖有强力之容、肅敬之心，皆倦怠矣。有司跛倚以臨祭，其爲不敬大矣。他日祭，子路與，室事交乎户，堂事交乎階，質明而始行事，晏朝而退。孔子聞之，曰：「誰謂由也而不知禮乎？」

禮記卷第二十五

郊特牲第十一

郊特牲而社稷大牢。天子適諸侯，諸侯膳用犢。諸侯適天子，天子賜之禮大牢。貴誠之義也。故天子牲孕弗食也，祭帝弗用也。大路繁纓一就，先路三就，次路五就。郊血，大饗腥，三獻爓，一獻孰。至敬不饗味而貴氣臭也。諸侯爲賓，灌用鬱鬯，灌用臭也。大饗尚腶脩而已矣。

大饗，君三重席而酢焉。三獻之介，君專席而酢焉。此降尊以就卑也。

饗禘有樂，而食、嘗無樂，陰陽之義也。凡飲，養陽氣也。凡食，養陰氣也。故春禘而秋嘗，春饗孤子，秋食耆老，其義一也。而食、嘗無樂。飲，養陽氣也，故有樂。食，養陰氣也，故無聲。凡聲，陽也。

鼎俎奇而籩豆偶，陰陽之義也。籩、豆之實，水土之品也。不敢用褻味而貴多品，所以交于旦明之義也。

賓入大門而奏《肆夏》，示易以敬也。卒爵而樂闋，孔子屢嘆之。奠酬而工升歌，發德也。歌者在上，匏竹在下，貴人聲也。樂由陽來者也，禮由陰作者也，陰陽和而萬物得。

旅幣無方，所以別土地之宜而節遠邇之期也。龜爲前列，先知也，以鍾次之，以和居參之也。虎豹之皮，示服猛也。束帛加璧，往德也。

庭燎之百，由齊桓公始也。大夫之奏《肆夏》也，由趙文子始也。

朝覲，大夫之私覿，非禮也。大夫執圭而使，所以申信也。不敢私覿，所以致敬也。而庭實私覿，何爲乎諸侯之庭？爲人臣者無外交，不敢貳君也。

大夫而饗君，非禮也。大夫强而君殺之，義也，由三桓始也。天子無客禮，莫敢爲主焉。君適其臣，升自阼階，不敢有其室也。覲禮，天子不下堂而見諸侯。下堂而見諸侯，天子之失禮也，由夷王以下。

諸侯之宮縣，而祭以白牡，擊玉磬、朱干設錫，冕而舞《大武》，乘大路，諸侯之僭禮也。臺門而旅樹，反坫，綉黼丹朱中衣，大夫之僭禮也。故天子微，諸侯僭，大夫强，諸侯脅。于此相貴以等，相覿以貨，相賂以利，而天下之禮亂矣。諸侯不敢祖天子，大夫不敢祖諸侯。而公廟之設于私家，非禮也，由三桓始也。

天子存二代之後，猶尊賢也。尊賢不過二代。

諸侯不臣寓公，故古者寓公不繼世。

君之南鄉，答陽之義也。臣之北面，答君也。大夫之臣不稽首，非尊家臣，以辟君也。大夫有獻弗親，君有賜不面拜，爲君之答己也。

鄉人禓，孔子朝服立于阼，存室神也。

孔子曰：『射之以樂也，何以聽，何以射？』孔子曰：『士使之射，不能則辭以疾。縣弧之義也。』

孔子曰：『三日齊，一日用之，猶恐不敬。二日伐鼓，何居？』

孔子曰：『繹之于庫門內，祊之于東方，朝市之于西方，失之矣。』

社祭土而主陰氣也。君南鄉于北墉下，答陰之義也。日用甲，用日之始也。

天子大社，必受霜露風雨，以達天地之氣也。是故喪國之社屋之，不受天陽也。薄社北牖，使陰明也。社，所以神地之道也，地載萬物，天垂象，取財于地，取法于天，是以尊天而親地也，故教民美報焉。家主中霤而國主社，示本也。唯爲社事，單出里。唯爲社田，國人畢作。唯社，丘乘共粢盛，所以報本反始也。

季春出火，爲焚也。然後簡其車賦，而歷其卒伍，而君親誓社，以習軍旅。左之右之，坐之起之，以觀其習變也。而流示之禽，而鹽諸利，以觀其不犯命也。求服其志，不貪其得。故以戰則克，以祭則受福。天子適四方，先柴。

禮記卷第二十六

郊特牲第十一

郊之祭也，迎長日之至也，大報天而主日也。兆于南郊，就陽位也。埽地而祭，于其質也。器用陶匏，以象天地之性也。于郊，故謂之郊。牲用騂，尚赤也。用犢，貴誠也。郊之用辛也，周之始郊，日以至。

卜郊，受命于祖廟，作龜于禰宮，尊祖親考之義也。卜之日，王立于澤，親聽誓命，受教諫之義也。

獻命庫門之内，戒百官也。大廟之命，戒百姓也。祭之日，王皮弁以聽祭報，示民嚴上也。

喪者不哭，不敢凶服，汜埽反道，鄉爲田燭。弗命而民聽上。

祭之日，王被衮以象天，戴冕璪十有二旒，則天數也。乘素車，貴其質也。旂十有二旒，龍章而設日月，以象天也。天垂象，聖人則之，郊所以明天道也。

帝牛不吉，以爲稷牛。帝牛必在滌三月，稷牛唯具。所以別事天神與人鬼也。

萬物本乎天，人本乎祖，此所以配上帝也。郊之祭也，大報本反始也。

天子大蜡八。伊耆氏始爲蜡。蜡也者，索也，歲十二月，合聚萬物而索饗之也。蜡之祭也，主先嗇而祭司嗇也。祭百種以報嗇也。

饗農及郵表畷，禽獸，仁之至，義之盡也。古之君子，使之必報之。迎猫，爲其食田鼠也。迎虎，爲其食田豕也。迎而祭之也。祭坊與水庸，事也。

曰：『土反其宅，水歸其壑，昆蟲毋作，草木歸其澤。』

皮弁素服而祭。素服，以送終也。葛帶、榛杖，喪殺也。蜡之祭，仁之至、義之盡也。黄衣、黄冠而祭，息田夫也。野夫黄冠。黄冠，草服也。

大羅氏，天子之掌鳥獸者也，諸侯貢屬焉。草笠而至，尊野服也。羅氏致鹿與女，而詔客告也，以戒諸侯曰：『好田、好女者亡其國。』天子樹瓜華，不斂藏之種也。』

八蜡以記四方。四方年不順成，八蜡不通，以謹民財也。順成之方，其蜡乃通，以移民也。既蜡而收，民息已。故既蜡，君子不興功。

恒豆之菹，水草之和氣也。其醢，陸産之物也。加豆，陸産也。其醢，水物也。籩豆之薦，水土之品也。不敢用常褻味而貴多品，所以交于神明之義也，非食味之道也。先王之薦，可食也，而不可耆也。卷冕、路車，可陳也，而不可好也。《武》壯，而不可樂也。宗廟之威，而不可安也。宗廟之器，可用也，而不可便其利也，所以交于神明者，不可以同于所安樂之義也。酒醴之美，玄酒、明水之尚，貴五味之本也。黼黻、文綉之美，疏布之尚，反女功之始也。莞簟之安，而蒲越、槁鞂之尚，明之也。大羹不和，貴其質也。大圭不琢，美其質也。丹漆雕幾之美，素車之乘，尊其樸也。貴其質而已矣。所以交于神明者，不可同于所安褻之甚也。如是而後宜。鼎、俎奇而籩、豆偶，陰陽之義也。黄目，鬱氣之上尊也。黄者，中也。目者，氣之清明者也。言酌于中而清明于外也。祭天，掃地而祭焉，于其質而已矣。醯醢之美，而煎鹽之尚，貴天産也。割刀之用，而鸞刀之貴，貴其義也。聲和而後斷也。

冠義，始冠之，緇布之冠也。大古冠布，齊則緇之。其緌也，孔子曰：『吾未之聞也。』冠而敝之可也。適子冠于阼，以著代也。醮于客位，加有成也。三加彌尊，喻其志也。冠而字之，敬其名也。委貌，周道也。章甫，殷道也。毋追，夏后氏之道也。周弁，殷冔，夏收。三王共皮弁、素積。無大夫冠禮，而有其昏禮。古者五十而後爵，何大夫冠禮之有？諸侯之有冠禮，夏之末造也。天子之元子，士也。天下無生而貴者也。繼世以立諸侯，象賢也。以官爵人，德之殺也。死而謚，今也。古者生無爵，死無謚。禮之所尊，尊其義也。失其義，陳其數，祝史之事也。故其數可陳也，其義難知也。知其義而敬守之，天子之所以治天下也。

天地合，而後萬物興焉。夫昏禮，萬世之始也。取于異姓，所以附遠厚别也。幣必誠，辭無不腆。告之以直信。信，事人也。信，婦德也。壹與之齊，終身不改，故夫死不嫁。男子親迎，男先于女，剛柔之義也。天先乎地，君先乎臣，其義一也。執摯以相見，敬章别也。男女有别，然後父子親。父子親，然後義生。義生，然後禮作。禮作，然後萬物安。無别無義，禽獸之道也。婿親御授綏，親之也。親之也者，親之也。敬而親之，先王之所以得天下也。出乎大門而先，男帥女，女從男，夫婦之義由此始也。婦人，從人者也。幼從父兄，嫁從夫，夫死從子。夫也者，夫也；

夫也者，以知帥人者也。玄冕齊戒，鬼神陰陽也。將以爲社稷主，爲先祖後，而可以不致敬乎？共牢而食，同尊卑也。故婦人無爵，從夫之爵，坐以夫之齒。器用陶、匏，尚禮然也。三王作牢，用陶、匏。厥明，婦盥饋，舅姑卒食，婦餕餘，私之也。舅姑降自西階，婦降自阼階，授之室也。昏禮不用樂，幽陰之義也。樂，陽氣也。昏禮不賀，人之序也。

有虞氏之祭也，尚用氣。血、腥、爓祭，用氣也。殷人尚聲，臭味未成，滌蕩其聲，樂三闋，然後出迎牲。聲音之號，所以詔告于天地之間也。周人尚臭，灌用鬯臭，鬱合鬯，臭陰達于淵泉。灌以圭璋，用玉氣也。既灌，然後迎牲，致陰氣也。蕭合黍、稷，臭陽達于墻屋，故既奠，然後焫蕭合羶、薌。凡祭，慎諸此。魂氣歸于天，形魄歸于地，故祭求諸陰陽之義也。殷人先求諸陽，周人先求諸陰。詔祝于室，坐尸于堂，用牲于庭，升首于室。直祭祝于主，索祭祝于祊。不知神之所在，于彼乎？于此乎？或諸遠人乎？祭于祊，尚曰求諸遠者與？祊之爲言倞也，肵之爲言敬也。富也者，福也；首也者，直也。相，饗之也。嘏，長也，大也。尸，陳也。毛、血，告幽全之物也。告幽全之物者，貴純之道也。血祭，盛氣也。祭肺、肝、心，貴氣主也。祭黍稷加肺，祭齊加明水，報陰也。取膟膋燔燎，升首，報陽也。明水涚齊，貴新也。凡涚，新之也。其謂之明水也，由主人之絜著此水也。君再拜稽首，肉袒親割，敬之至也。敬之至也，服也。拜，服也。稽首，服之甚也。肉袒，服之盡也。祭稱孝孫、孝子，以其義稱也。稱曾孫某，謂國家也。祭祀之相，主人自致其敬，盡其嘉，而無與讓也。腥、肆、爓、腍、祭，豈知神之所饗也？主人自盡其敬而已矣。舉斝、角，詔妥尸。古者尸無事則立，有事而後坐也。尸，神象也。祝，將命也。縮酌用茅，明酌也。盞酒涚于清，汁獻涚于盞酒，猶明、清與盞酒于舊澤之酒也。祭有祈焉，有報焉，有由辟焉。齊之玄也，以陰幽思也。故君子三日齊，必見其所祭者。

禮記卷第二十七

内則第十二

后王命冢宰，降德于衆兆民。

子事父母，鷄初鳴，咸盥、漱，櫛、縰，笄、總，拂髦，冠、緌、纓，端、韠、紳，搢笏。左右佩用，左佩紛帨、刀、礪、小觿、金燧，右佩玦、捍、管、遰、大觿、木燧。偪，屨、著綦。

婦事舅姑，如事父母。鷄初鳴，咸盥、漱，櫛、縰，笄、總，衣紳。左佩紛帨、刀、礪、小觿、金燧，右佩箴、管、綫、纊，施縏帙，大觿、木燧，衿纓，綦屨。

以適父母舅姑之所。及所，下氣怡聲，問衣燠寒，疾痛苛癢，而敬抑搔之。出入則或先或後，而敬扶持之。進盥，少者奉槃，長者奉水，請沃盥，盥卒授巾。問所欲而敬進之，柔色以温之。饘、酏、酒、醴、芼、羹、菽、麥、蕡、稻、黍、粱、秫唯所欲，棗、栗、飴、蜜以甘之，堇、荁、枌、榆、免、薧、滫、瀡以滑之，脂、膏以膏之，父母、舅姑必嘗之而後退。

男女未冠笄者，鷄初鳴，咸盥、漱，櫛、縰，拂髦，總角，衿纓，皆佩容臭。昧爽而朝，問：『何食飲矣？』若已食則退，若未食則佐長者視具。

凡内外，鷄初鳴，咸盥、漱，衣服，斂枕簟，灑掃室堂及庭，布席，各從其事。孺子蚤寢晏起，唯所欲，食無時。

由命士以上，父子皆異宫，昧爽而朝，慈以旨甘。日出而退，各從其事。日入而夕，慈以旨甘。

父母舅姑將坐，奉席請何鄉；將衽，長者奉席請何趾，少者執床與坐。御者舉几，斂席與簟，縣衾，篋枕，斂簟而襡之。

父母舅姑之衣、衾、簟、席、枕、几不傳，杖、屨祗敬之，勿敢近。敦、牟、巵、匜，非餕莫敢用。與恒食飲，非餕莫之敢飲食。

父母在，朝夕恒食，子婦佐餕，既食恒餕，父没母存，冢子御食，群子婦佐餕如初，旨甘柔滑，孺子餕。

在父母舅姑之所，有命之，應『唯』，敬對。進退、周旋慎齊，升降、出入、揖游，不敢噦、噫、嚏、咳、欠、伸、跛、倚、睇視，不敢唾、洟。寒不敢襲，癢不敢搔。不有敬

事，不敢袒裼。不涉不撅。褻衣衾不見裏。父母唾、洟不見；冠帶垢，和

衣裳垢，和灰請浣；衣裳綻裂，紉箴請補綴。五日則燂湯請浴，三日具

垢，燂潘請靧；足垢，燂湯請洗。少事長，賤事貴，共帥時。

男不言內，女不言外。非祭非喪，不相授器。其相授，則女受以篚，其無篚，則皆坐奠之而後取之。外內不共井，不共湢浴，不通寢席，不通

內言不出，外言不入。男子入內，不嘯不指；夜行以燭，無燭則

擁蔽其面；夜行以燭，無燭則止。道路，男子由右，女子由左。

子婦孝者敬者，父母舅姑之命勿逆勿怠。若飲食之，雖不耆，必嘗而待。加之衣服，雖不欲，必服而待；加之事，人待之，己雖弗欲，姑與之，

之。子婦有勤勞之事，雖甚愛之，姑縱之，而寧數休之。子婦

姑教之。若不可教，而後怒之；不可怒，子放婦出而不表禮焉。

父母有過，下氣怡色，柔聲以諫。諫若不入，起敬起孝，說則復諫。不說，

得罪于鄉黨州閭，寧孰諫。父母怒，不說，而撻之流血，不敢疾怨，起敬

有婢子若庶子庶孫，甚愛之，雖父母沒，沒身敬之不衰。子有二妾，父母

子愛一人焉，由衣服飲食，由執事，毋敢視父母所愛，雖父母沒不衰。子甚宜其

父母不說，出。子不宜其妻，父母曰『是善事我』，子行夫婦之禮焉，沒身不衰。

父母雖沒，將爲善，思貽父母令名，必果。將爲不善，思貽父母羞辱，必不果。

舅沒則姑老，冢婦所祭祀賓客，每事必請于姑。介婦請于冢婦。舅姑使冢婦，毋怠，不友、無禮于介婦。舅姑若使介婦，毋敢敵耦于冢婦，不敢並行，不敢並命，不敢並坐。凡婦不命適私室不敢退。婦將有事，大小必請于舅姑。子婦無私貨，無私畜，無私器，不敢私假，不敢私與。婦或賜之飲食、衣服、布帛、佩帨、茝蘭，則受而獻諸舅姑，舅姑受之則喜，如新受賜。若反賜之，則辭；不得命，如更受賜，藏以待乏。婦若有私親兄弟，將與之，則必復請其故賜，而後與之。

適子、庶子，祇事宗子、宗婦。雖貴富，不敢以貴富入宗子之家，雖衆車徒，舍于外，以寡約入。子弟猶歸器，衣服、裘衾、車馬，則必獻其上，而後敢服用其次也。若非所獻，則不敢以入于宗子之門，不敢以貴富加于父兄宗族。若富，則

具二牲，獻其賢者于宗子，夫婦皆齊而宗敬焉，終事而後敢私祭。

飯：黍、稷、稻、粱、白黍、黄粱，稰、穛。膳：膷、臐、膮，醢、牛炙，醢、牛胾，醢、牛膾，羊炙，羊胾，醢，豕炙，醢，豕胾，芥醬，魚膾，雉，兔，鶉，鷃。飲：重醴，稻醴清、糟，黍醴清、糟，粱醴清、糟，或以酏爲醴，黍酏，漿，水，醷，濫。酒：清、白。羞：糗餌，粉酏。食：蝸醢而苽食，雉羹，麥食，脯羹，鷄羹，析稌，犬羹，兔羹，和糝不蓼。濡豚包苦實蓼，濡鷄醢醬實蓼，濡魚卵醬實蓼，濡鱉醢醬實蓼。腶脩，蚳醢；脯羹，兔醢；麋膚，魚醢；魚膾，芥醬；麋腥，醢，醬；桃諸，梅諸，卵鹽。

凡食齊視春時，羹齊視夏時，醬齊視秋時，飲齊視冬時。凡和，春多酸，夏多苦，秋多辛，冬多鹹，調以滑甘。牛宜稌，羊宜黍，豕宜稷，犬宜粱，雁宜麥，魚宜苽。春宜羔、豚，膳膏薌，夏宜腒、鱐，膳膏臊，秋宜犢、麛，膳膏腥，冬宜鮮、羽，膳膏羶。牛脩鹿脯，田豕脯，麋脯，麕脯，麋、鹿、田豕、麕皆有軒，雉、兔皆有芼。爵，鷃，蜩，范，

膾，春用葱，秋用芥。豚，春用韭，秋用蓼。脂用葱，膏用薤，三牲用藙，和用醯，獸用梅。鶉羹、鷄羹、鴽，釀之蓼。魴、鱮烝，雛燒，雉薌，無蓼。不食雛鱉。狼去腸，狗去腎，狸去正脊，兔去尻，狐去首，豚去腦，魚去乙，鱉去醜。肉曰脱之，魚曰作之，棗曰新之，栗曰撰之，桃曰膽之，柤梨曰攢之。牛夜鳴則庮；羊泠毛而毳，羶；狗赤股而躁，臊；烏皫色而沙鳴，鬱；豕望視而交睫，腥；馬黑脊而般臂，漏；雛尾不盈握弗食。舒雁翠，鵠，鴞胖，舒鳧翠，鷄肝，雁腎，鴇奥，鹿胃。肉腥，細者爲膾，大者爲軒。或曰：麋、鹿、魚爲菹，麕爲辟鷄，野豕爲軒，兔爲宛脾。切葱若薤，實諸醯以柔之。羹食，自諸侯以下至于庶人，無等。大夫無秩膳，大夫七十而有閣。天子之閣，左達五，右達五。公、侯、伯于房中五，大夫于閣三，士于坫一。

凡養老，有虞氏以燕禮，夏后氏以饗禮，殷人以食禮，周人脩而兼用之。五十養于鄉，六十養于國，七十養于學，達于諸侯。八十拜君命，一坐再

之；九十者使人受。五十異粻，六十宿肉，七十二膳，八十常珍，九十飲食不違寢，膳飲從于游可也。六十歲制，七十時制，八十月制，九十日脩，唯絞、紟、衾、冒死而後制。五十始衰，六十非肉不飽，七十非帛不暖，八十非人不暖，九十雖得人不暖矣。五十杖于家，六十杖于鄉，七十杖于國，八十杖于朝，九十者天子欲有問焉，則就其室，以珍從。七十不俟朝，八十月告存，九十日有秩。五十不從力政，六十不與服戎，七十不與賓客之事，八十齊、喪之事弗及也。五十而爵，六十不親學，七十致政。凡自七十以上，唯衰麻爲喪。凡三王養老，皆引年。八十者一子不從政，九十者其家不從政，瞽亦如之。凡父母在，子雖老不坐。有虞氏養國老于上庠，養庶老于下庠。夏后氏養國老于東序，養庶老于西序。殷人養國老于右學，養庶老于左學。周人養國老于東膠，養庶老于虞庠，虞庠在國之西郊。有虞氏皇而祭，深衣而養老。夏后氏收而祭，燕衣而養老。殷人冔而祭，縞衣而養老。周人冕而祭，玄衣而養老。

曾子曰：『孝子之養老也，樂其心，不違其志，樂其耳目，安其寢處，以其飲食忠養之。孝子之身終，終身也者，非終父母之身，終其身也。是故父母之所愛亦愛之，父母之所敬亦敬之。至于犬馬盡然，而況于人乎！』

凡養老，五帝憲，三王有乞言。五帝憲，養氣體而不乞言，有善則記之爲惇史。三王亦憲，既養老而後乞言，亦微其禮，皆有惇史。

淳熬：煎醢加于陸稻上，沃之以膏，曰淳熬。淳毋：煎醢加于黍食上，沃之以膏，曰淳毋。

炮：取豚若將，刲之刳之，實棗于其腹中，編萑以苴之，塗之以謹塗。炮之，塗皆乾，擘之，濯手以摩之，去其皽，爲稻粉，糔溲之以爲酏，以付豚。煎諸膏，膏必滅之，鉅鑊湯，以小鼎薌脯于其中，使其湯毋滅鼎，三日三夜毋絶火，而後調之以醯醢。

擣珍：取牛、羊、麋、鹿、麕之肉，必脄，每物與牛若一，捶，反側之，去其餌，孰，出之，去其皽，柔其肉。

漬：取牛肉必新殺者，薄切之，必絶其理，湛諸美酒，期朝而食之以醢若醯、醷。

爲熬：捶之，去其皽，編萑，布牛肉焉，屑桂與薑，以洒諸上而鹽之，乾而食之。羊亦如之，施麋、施鹿、施麕皆如牛羊。欲濡肉則釋而煎之以醢。欲乾肉，則捶而食之。

糝：取牛、羊、豕之肉，三如一，小切之。與稻米，稻米二，肉一，合以爲餌，煎之。

肝膋：取狗肝一，幪之以其膋，濡炙之，舉燋其膋，不蓼。取稻米，舉糔、溲之，小切狼臅膏，以與稻米爲酏。

禮始于謹夫婦。爲宮室，辨外內。男子居外，女子居內，深宮固門，閽、寺守之，男不入，女不出。男女不同椸枷，不敢懸于夫之楎、椸，不敢藏于夫之篋、笥，不敢共湢浴。夫不在，斂枕篋簟席，襡器而藏之。少事長，賤事貴，咸如之。夫婦之禮，唯及七十，同藏無間。故妾雖老，年未滿五十，必與五日之御。將御者，齊，漱、澣，慎衣服，櫛、縰、笄、總角、拂髦、衿纓、綦屨。雖婢妾，衣服飲食必後長者。妻不在，妾御莫敢當夕。

妻將生子，及月辰，居側室，夫使人日再問之。作而自問之，妻不敢見，使姆衣服而對。至于子生，夫復使人日再問之。夫齊，則不入側室之門。子生，男子設弧于門左，女子設帨于門右。三日始負子，男射女否。

國君世子生，告于君，接以大牢，宰掌具。三日，卜士負之，吉者宿齊，朝服寢門外，詩負之。射人以桑弧蓬矢六，射天地四方。保受，乃負之，宰醴負子，賜之束帛。卜士之妻、大夫之妾，使食子。

凡接子擇日，冢子則大牢，庶人特豚，士特豕，大夫少牢，國君世子大牢。其非冢子，則皆降一等。異爲孺子室于宮中。擇于諸母與可者，必求其寬裕、慈惠、溫良、恭敬、慎而寡言者，使爲子師，其次爲慈母，其次爲保母，皆居子室。他人無事不往。

三月之末，擇日翦髮爲鬌，男角女羈，否則男左女右。是日也，妻以子見于父，貴人則爲衣服，由命士以下皆漱、澣。男女夙興，沐浴，衣服，具視朔食。夫入門，升自阼階，立于阼，西鄉。妻抱子出自房，當楣立，東面。

姆先相，曰：『母某敢用時日，祗見孺子。』夫對曰：『欽有帥。』父執子之右手，咳而名之。妻對曰：『記有成。』遂左還授師。子師辯告諸婦、諸母名。妻遂適寢。

夫告宰名，宰辯告諸男名，書曰『某年某月某日某生』而藏之。宰告閭史，閭史書爲二，其一藏諸閭府，其一獻諸州史。州史獻諸州伯，州伯命藏諸州府。夫入，食如養禮。

世子生，則君沐浴朝服，夫人亦如之，皆立于阼階，西鄉，世婦抱子升自西階，君名之，乃降。

適子庶子見于外寢，撫其首，咳而名之。禮帥初，無辭。

凡名子，不以日月，不以國，不以隱疾。大夫、士之子，不敢與世子同名。

妾將生子，及月辰，夫使人日一問之。子生三月之末，漱、浣、夙齊，見于內寢，禮之如始入室。君已食，徹焉，使之特餕。遂入御。

公庶子生，就側室。三月之末，其母沐浴，朝服見于君，擯者以其子見。君所有賜，君名之。衆子，則使有司名之。

庶人無側室者，及月辰，夫出居群室。其問之也，與子見父之禮，無以異也。

凡父在，孫見于祖，祖亦名之。禮如子見父，無辭。

食子者三年而出，見于公宮則劬。大夫之子有食母，士之妻自養其子。

由命士以上及大夫之子，旬而見。冢子未食而見，必執其右手。適子庶子已食而見，必循其首。

子能食食，教以右手。能言，男『唯』女『俞』。男鞶革，女鞶絲。

六年，教之數與方名。七年，男女不同席，不共食。八年，出入門户及即席飲食，必後長者，始教之讓。九年，教之數日。十年，出就外傅，居宿于外，學書計。衣不帛襦褲。禮帥初，朝夕學幼儀，請肄簡、諒。十有三年，學樂，誦《詩》，舞《勺》。成童，舞《象》，學射御。二十而冠，始學禮，可以衣裘帛，舞《大夏》，惇行孝弟，博學不教，內而不出。三十而有室，始理男事，博學無方，孫友視志。四十始仕，方物出謀發慮，道合則服從，不可則去。五十命爲大夫，服官政。七十致事。凡男拜，尚左手。

女子十年不出，姆教婉、娩、聽從，執麻枲，治絲繭，織紝、組、紃，學女事以共衣服。觀于祭祀，納酒漿、籩豆、菹醢，禮相助奠。十有五年而笄。二十而嫁，有故，二十三年而嫁。聘則爲妻，奔則爲妾。凡女拜，尚右手。

禮記卷第二十九

玉藻第十三

天子玉藻，十有二旒，前後邃延，龍卷以祭。玄端而朝日于東門之外，聽朔于南門之外，閏月則闔門左扉，立于其中。

皮弁以日視朝，遂以食。日中而餕，奏而食。日少牢，朔月大牢。五飲：上水、漿、酒、醴、酏。卒食，玄端而居。動則左史書之，言則右史書之，御瞽幾聲之上下。年不順成，則天子素服，乘素車，食無樂。

諸侯玄端以祭，裨冕以朝，皮弁以聽朔于大廟，朝服以日視朝于内朝。朝，辨色始入。君日出而視之，退適路寢聽政，使人視大夫，大夫退，然後適小寢釋服。又朝服以食，特牲，三俎，祭肺，夕深衣，祭牢肉。朔月少牢，五俎四簋。子卯稷食菜羹。夫人與君同庖。

君無故不殺牛，大夫無故不殺羊，士無故不殺犬、豕。君子遠庖厨，凡有血氣之類，弗身踐也。至于八月不雨，君不舉。

年不順成，君衣布，搢本，關梁不租，山澤列而不賦，土功不興，大夫不得造車

馬。

卜人定龜，史定墨，君定體。

君羔幦虎犆；大夫齊車鹿幦豹犆，朝車；士齊車鹿幦豹犆。

君子之居恒當户，寢恒東首。若有疾風、迅雷、甚雨，則必變。雖夜必興，衣服冠而坐。日五盥，沐稷而靧粱，櫛用樿櫛，髮晞用象櫛，進禨進羞，工乃升歌。浴用二巾，上絺下綌。出杅，履蒯席，連用湯，履蒲席，衣布晞身，乃屨，進飲。將適公所，宿齊戒，居外寢，沐浴。史進象笏，書思對命。既服，習容，觀玉聲，乃出。揖私朝，煇如也，登車則有光矣。

天子搢珽，方正于天下也。諸侯荼，前詘後直，讓于天子也。大夫前詘後詘，無所不讓也。

侍坐則必退席，不退則必引而去君之黨。登席不由前，爲躐席。徒坐不盡席尺，讀書，食，則齊。豆去席尺。若賜之食，而君客之，則命之祭然後祭，先飯，辯嘗

羞，飲而俟。若有嘗羞者，則俟君之食，然後食，飯飲而俟。君命之羞，羞近者。命之品嘗之，然後唯所欲。凡嘗遠食，必順近食。君未覆手，不敢飧。君既食，又飯飧，飯飧者，三飯也。君既徹，執飯與醬，乃出授從者。

凡侑食，不盡食。食于人不飽。唯水漿不祭，若祭，爲已倮卑。

君若賜之爵，則越席再拜稽首受，登席祭之。飲，卒爵而俟，君卒爵，然後授虛爵。君子之飲酒也，受一爵而色洒如也，二爵而言言斯，禮已三爵而油油，以退。退則坐取屨，隱辟而後屨，坐左納右，坐右納左。凡尊必上玄酒，唯君面尊。唯饗野人皆酒，大夫側尊，用棜，士側尊，用禁。

始冠，緇布冠，自諸侯下達，冠而敝之可也。玄冠朱組纓，天子之冠也。緇布冠繢緌，諸侯之冠也。玄冠丹組纓，諸侯之齊冠也。玄冠綦組纓，士之齊冠也。縞冠玄武，子姓之冠也。縞冠素紕，既祥之冠也。

垂緌五寸，惰游之士也，玄冠縞武，不齒之服也。居冠屬武，自天子下達，有事然後緌。五十不散送。親没不髦，大帛不緌。玄冠紫緌，自魯桓公始也。

朝玄端，夕深衣。深衣三袪，縫齊，倍要，衽當旁，袂可以回肘。長、中，繼揜尺。袷二寸，袪尺二寸，緣廣寸半。以帛裏布，非禮也。士不衣織。無君者不貳采。衣正色，裳間色。非列采不入公門，振絺、綌不入公門，表裘不入公門，襲裘不入公門。纊爲繭，緼爲袍，禪爲絅，帛爲褶。朝服之以縞也，自季康子始也。

孔子曰：『朝服而朝，卒朔然後服之。』曰：『國家未道，則不充其服焉。』

唯君有黼裘以誓省，大裘非古也。

禮記卷第三十

玉藻第十三

君衣狐白裘，錦衣以裼之。君之右虎裘，厥左狼裘。士不衣狐白。君子狐青裘豹褎，玄綃衣以裼之；麛裘青豻褎，絞衣以裼之；羔裘豹飾，緇衣以裼之；狐裘，黄衣以裼之。錦衣狐裘，諸侯之服也。犬羊之裘不裼。不文飾也不裼。裘之裼也，見美也。吊則襲，不盡飾也。君在則裼，盡飾也。服之襲也，充美也。是故尸襲，執玉，龜襲。無事則裼，弗敢充也。

笏，天子以球玉，諸侯以象，大夫以魚須文竹，士竹，本，象可也。見于天子與射，無説笏。入大廟説笏，非古也。小功不説笏，當事免則説之。既搢必盥，雖有執于朝，弗有盥矣。凡有指畫于君前，用笏。造受命于君前，則書于笏。笏畢用也，因飾焉。笏度二尺有六寸，其中博三寸，其殺六分而去一。

而素帶，終辟，大夫素帶，辟垂，士練帶，率，下辟，居士錦帶，弟子縞帶，并紐約用組。

韠，君朱，大夫素，士爵韋。圜，殺，直。天子直，公侯前後方，大夫前方後挫角，士前後正。韠下廣二尺，上廣一尺，長三尺，其頸五寸，肩，革帶，博二寸。大夫大帶四寸。雜帶，君朱緑，大夫玄華，士緇辟二寸，再繚四寸。凡帶有率，無箴功。一命緼韍幽衡，再命赤韍幽衡，三命赤韍葱衡。天子素帶，朱裏，終辟。王后褘衣，夫人揄狄，三寸，長齊于帶，紳長制，士三尺，有司二尺有五寸。子游曰：『參分帶下紳居二焉。』紳、韠、結三齊。君命屈狄，再命褘衣，一命襢衣，士褖衣。唯世婦命于奠繭，其他則皆從男子。

凡侍于君，紳垂，足如履齊，頤霤，垂拱，視下而聽上，視帶以及袷，聽鄉任左。凡君召以三節，二節以走，一節以趨。在官不俟屨，在外不俟車。

士于大夫，不敢拜迎，而拜送。士于尊者，先拜，進面，答之拜則走。

士于君所言大夫没矣，則稱謚若字，名士。與大夫言，名士，字大夫。于大夫所，有公諱，無私諱。凡祭不諱，廟中不諱，教學、臨文不諱。古之君子必佩玉，右徵、角，左宮、月。趨以《采齊》，行以《肆夏》，周還中規，折還中矩，進則揖之，退則揚之，然後玉鏘鳴也。故君子在車則聞鸞、和之聲，行則鳴佩玉，是以非辟之心無自入也。

君在不佩玉，左結佩，右設佩。居則設佩，朝則結佩，齊則綪結佩，而爵韠。

凡帶必有佩玉，唯喪否。佩玉有衝牙，君子無故玉不去身，君子于玉比德焉。天子佩白玉而玄組綬，公侯佩山玄玉而朱組綬，大夫佩水蒼玉而純組綬，世子佩瑜玉而綦組綬，士佩瓀玟而緼組綬。孔子佩象環五寸而綦組綬。

童子之節也，緇布衣，錦緣，錦紳并紐，錦束髮，皆朱錦也。肆束及帶，勤者有事則收之，走則擁之。童子不裘不帛，不屨絇，無緦服，聽事不麻。無事則立主人之北，南面。見先生，從人而入。

侍食于先生，異爵者，後祭先飯。客祭，主人辭曰：『不足祭也。』客飧，主人辭以疏。主人自置其醬，則客自徹之。一室之人，非賓客，一人徹。壹食之人，一人徹。凡燕食，婦人不徹。

者，先君子。有慶，非君賜不賀。有憂者。勤者有事則收之，走則擁之。

孔子食于季氏，不辭，不食肉而飧。

君賜車馬，乘以拜。賜衣服，服以拜。賜，君未有命，弗敢即乘、服也。君賜，稽首，據掌，致諸地。酒肉之賜弗再拜。凡賜，君子與小人不同日。

凡獻于君，大夫使宰，士親，皆再拜稽首送之。膳于君，有葷、桃、茢，于大夫去茢，于士去葷，皆造于膳宰。大夫不親拜，爲君之答己也。大夫拜賜而退，士待諾而退，又拜，弗答拜。大夫親賜士，士拜受，又拜于其室。衣服弗服以拜。敵者不在，拜于其室。凡于尊者有獻，而弗敢以聞。士于大夫不承賀。下大夫于上大夫承賀。親在，行禮于人稱父。人或賜之，則稱父拜之。

禮不盛，服不充，故大裘不裼，乘路車不式。

父命呼，唯而不諾，手執業則投之，食在口則吐之，走而不趨。親老，出不易方，復不過時。親瘠，色容不盛，此孝子之疏節也。父沒而不能讀父之書，手澤存焉爾。母沒而杯圈不能飲焉，口澤之氣存焉爾。

君入門，介拂闑，大夫中棖與闑之間，士介拂棖。賓入不中門，不履閾，公事自闑西，私事自闑東。

君與尸行接武，大夫繼武，士中武。徐趨皆用是。疾趨則欲發而手足毋移。圈豚行，不擧足，齊如流。席上亦然。端行，頤霤如矢。弁行，剡剡起屨。執龜、玉，擧前曳踵，蹜蹜如也。

凡行，容惕惕，廟中，齊齊，朝廷，濟濟、翔翔。

君子之容舒遲，見所尊者齊遬。足容重，手容恭，目容端，口容止，聲容靜，頭容直，氣容肅，立容德，色容莊，坐如尸。燕居告温温。

凡祭，容貌顔色如見所祭者。

喪容累累，色容顛顛，視容瞿瞿、梅梅，言容繭繭。戎容暨暨，言容詻詻，色容厲肅，視容清明。立容辨卑，毋讇。頭頸必中，山立時行，盛氣顛實揚休，玉色。

凡自稱，天子曰予一人，伯曰天子之力臣。諸侯之于天子曰某土之守臣某；其在邊邑，曰某屏之臣某；其于敵以下曰寡人。小國之君曰孤，擯者亦曰孤。上大夫曰下臣，擯者曰寡君之老。下大夫自名，擯者曰寡大夫。世子自名，擯者曰寡君之適。公子曰臣孽。士曰傳遽之臣，于大夫曰外私。大夫私事使，私人擯則稱名，公士擯，則曰寡大夫、寡君之老。大夫有所往，必與公士爲賓也。

禮記卷第三十一

明堂位第十四

昔者周公朝諸侯于明堂之位，天子負斧依，南鄉而立。三公，中階之前，北面東上。諸侯之位，阼階之東，西面北上。諸伯之國，西階之西，東面北上。諸子之國，門東，北面東上。諸男之國，門西，北面東上。九夷之國，東門之外，西面北上。八蠻之國，南門之外，北面東上。六戎之國，西門之外，東面南上。五狄之國，北門之外，南面東上。九采之國，應門之外，北面東上。四塞，世告至。此周公明堂之位也。明堂也者，明諸侯之尊卑也。

昔殷紂亂天下，脯鬼侯以饗諸侯。是以周公相武王以伐紂。武王崩，成王幼弱，周公踐天子之位以治天下。六年，朝諸侯于明堂，制禮作樂，頒度量，而天下大服。七年，致政于成王。成王以周公爲有勳勞于天下，是以封周公于曲阜，地方七百里，革車千乘。命魯公世世祀周公以天子之禮樂。是以魯君孟春乘大路，載弧韣，旂十有二旒，日月之章，祀帝于郊，配以后稷，天子之禮也。

禮記

季夏六月，以禘禮祀周公于大廟，牲用白牡，尊用犧、象、山罍，鬱尊用黃目，灌用玉瓚大圭，薦用玉豆雕篹，爵用玉盞仍雕，加以璧散、璧角。俎用梡嶡，升歌《清廟》，下管《象》，朱干玉戚，冕而舞《大武》。皮弁素積，裼而舞《大夏》。《昧》，東夷之樂也。《任》，南蠻之樂也。納夷蠻之樂于大廟，言廣魯于天下也。

君卷冕立于阼，夫人副褘立于房中。君肉袒迎牲于門，夫人薦豆籩。卿大夫贊君，命婦贊夫人，各揚其職，百官廢職，服大刑，而天下大服。

是故夏礿、秋嘗、冬烝，春社、秋省而遂大蜡，天子之祭也。

大廟，天子明堂。庫門，天子皋門。雉門，天子應門。

振木鐸于朝，天子之政也。山節，藻棁，復廟，重檐，刮楹，達鄉，反坫出尊，崇坫康圭，疏屏，天子之廟飾也。

鸞車，有虞氏之路也。鉤車，夏后氏之路也。大路，殷路也。乘路，周路也。

有虞氏之旂，夏后氏之綏，殷之大白，周之大赤。

夏后氏駱馬黑鬣。殷人白馬黑首，周人黃馬蕃鬣。夏后氏牲尚黑，殷白牡，周騂剛。

泰，有虞氏之尊也。山罍，夏后氏之尊也。著，殷尊也。犧、象，周尊也。

爵，夏后氏以盞，殷以斝，周以爵。灌尊，夏后氏以鷄夷，殷以斝，周以黄目。其勺，夏后氏以龍勺，殷以疏勺，周以蒲勺。

土鼓，蕢桴，葦籥，伊耆氏之樂也。

拊搏，玉磬，揩擊，大琴，大瑟，中琴，小瑟，四代之樂器也。

魯公之廟，文世室也。武公之廟，武世室也。

米廩，有虞氏之庠也。序，夏后氏之序也。瞽宗，殷學也。泮宮，周學也。

崇鼎，貫鼎，大璜，封父龜，天子之器也。越棘、大弓，天子之戎器也。

夏后氏之鼓足，殷楹鼓，周縣鼓。垂之和鍾，叔之離磬，女媧之笙簧。

夏后氏之龍簨虡，殷之崇牙，周之璧翣。

有虞氏之兩敦，夏后氏之四連，殷之六瑚，周之八簋。

俎，有虞氏以梡，夏后氏以嶡，殷以椇，周以房俎。

夏后氏以楬豆，殷玉豆，周獻豆。

有虞氏服韍，夏后氏山，殷火，周龍章。

有虞氏祭首，夏后氏祭心，殷祭肝，周祭肺。夏后氏尚明水，殷尚醴，周尚酒。

有虞氏官五十，夏後氏官百，殷二百，周三百。

有虞氏之綏，夏后氏之綢練，殷之崇牙，周之璧翣。

凡四代之服、器、官，魯兼用之。是故魯，王禮也，天下傳之久矣。君臣未嘗相弑也。禮樂、刑法、政俗，未嘗相變也。天下以爲有道之國，是故天下資禮樂焉。

禮記卷第三十二

喪服小記第十五

斬衰，括髮以麻，爲母，括髮以麻，免而以布。齊衰，惡笄，帶以終喪。男子冠而婦人笄，男子免而婦人髽。其義：爲男子則免，爲婦人則髽。

苴杖，竹也；削杖，桐也。

祖父卒，而后爲祖母後者三年。

爲父母、長子稽顙。大夫吊之，雖緦必稽顙。婦人爲夫與長子稽顙，其餘則否。

男主必使同姓，婦主必使異姓。

爲父後者，爲出母無服。

親親，以三爲五，以五爲九。上殺，下殺，旁殺，而親畢矣。

王者禘其祖之所自出，以其祖配之，而立四廟。庶子王亦如之。

別子爲祖，繼別爲宗。繼禰者爲小宗。有五世而遷之宗，其繼高祖者也。是故祖遷于上，宗易于下。尊祖故敬宗，敬宗所以尊祖、禰也。庶子不祭祖者，明其宗也。

庶子不爲長子斬，不繼祖與禰故也。庶子不祭殤與無後者，殤與無後者從祖祔食。庶子不祭禰者，明其宗也。

親親、尊尊、長長，男女之有別，人道之大者也。

從服者，所從亡則已。屬從者，所從雖没也服。妾從女君而出，則[illegible]子服。

禮，不王不禘。

世子不降妻之父母，其爲妻也，與大夫之適子同。父爲士，子爲天子諸侯，則祭以天子諸侯，其尸服以士服。父爲天子諸侯，子爲士，祭以士，其尸服以士服。

婦當喪而出，則除之。爲父母喪，未練而出則三年，既練而出則已。未練而反則期，既練而反則遂之。

再期之喪，三年也。期之喪，二年也。九月七月之喪，三時也。五月之喪，二時也。三月之喪，一時也。故期而祭，禮也；期而除喪，道也。祭不爲除喪也。三年而後葬者，必再祭。其祭之間不同時，而除喪。大功者主人之喪，有三年者，則必爲之再祭。朋友虞、祔而已。士妾有子而爲之緦，無子則已。

生不及祖父母、諸父、昆弟，而父稅喪，己則否。爲君之父母、妻、長子，君已除喪而後聞喪，則不稅。降而在緦、小功者，則稅之。近臣，君服斯服矣，其餘從而服，不從而稅。君雖未知喪，臣服已。

禮記卷第三十三

喪服小記第十五

虞，杖不入于室；祔，杖不升于堂。

爲君母後者，君母卒，則不爲君母之黨服。

絰殺，五分而去一，杖大如絰。

妾爲君之長子，與女君同。

除喪者，先重者；易服者，易輕者。

無事不辟廟門，哭皆于其次。

復與書銘，自天子達于士，其辭一也。男子稱名，婦人書姓與伯仲，如不知姓，則書氏。

斬衰之葛，與齊衰之麻同。齊衰之葛與大功之麻同。麻同，皆兼服之。

報葬者報虞，三月而後卒哭。

父母之喪偕，先葬者不虞祔，待後事。其葬，服斬衰。

大夫降其庶子，其孫不降其父。大夫不主士之喪。爲慈母之父母無服。

……其妻爲舅姑大功。士祔于大夫，則易牲。

繼父不同居也者，必嘗同居。皆無主後，同財而祭其祖禰爲同居，有主後者爲

……居。

……與朋友者，于門外之右，南面。祔葬者，不筮宅。

大夫不得祔于諸侯，祔于諸祖父之爲士、大夫者。其妻祔于諸祖姑，妾祔

……妾祖姑，亡則中一以上而祔，祔必以其昭穆。諸侯不得祔于天子，天子、諸侯、大

……爲母之君母，母卒則不服。宗子，母在爲妻禫。爲慈母後者，爲庶母可也，爲

……妻、長子禫。慈母與妾母，不世祭也。

丈夫冠而不爲殤，婦人笄而不爲殤。爲殤後者，以其服服之。

久而不葬者，唯主喪者不除，其餘以麻終月數者，除喪則已。

箭笄帶終喪三年。

齊衰三月，與大功同者繩屨。

練，筮日、筮尸，視濯，皆要絰、杖、繩屨，有司告具而後去杖。筮日、筮尸，有司

……而後杖，拜送賓。大祥吉服而筮尸。

……子在父之室，則爲其母不禫。庶子不以杖即位。父不主庶子之喪，則孫以

杖即位可也。父在，庶子爲妻，以杖即位可也。

……異國之臣，則其君爲主。諸侯吊，必皮弁錫衰。所吊雖已葬，主人必

……未喪服，則君亦不錫衰。

養有疾者不喪服，遂以主其喪。非養者入主人之喪，則不易己之喪服。養尊

……服，養卑者否。

……妾祖姑者，易牲而祔于女君可也。

……子主之，祔則舅主之。士不攝大夫。士攝大夫，唯宗

……人未除喪，有兄弟自他國至，則主人不免而爲主。

……省陳之而盡納之可也。

奔兄弟之喪，先之墓而後之家，爲位而哭。所知之喪，則哭于宮而後之墓。

父不爲衆子次于外。

與諸侯爲兄弟者服斬。

下殤小功，帶澡麻不絶，詘而反以報之。

婦祔于祖姑，祖姑有三人，則祔于親者。其妻，爲大夫而卒，而後其夫不爲大夫，而祔于其妻，則不易牲。妻卒而後夫爲大夫，而祔于其妻，則以大夫牲。爲父後者，爲出母無服。無服也者，喪者不祭故也。

婦人不爲主而杖者，姑在爲夫杖。母爲長子削杖。女子子在室爲父母，其主喪者不杖，則子一人杖。

緦、小功，虞、卒哭則免。既葬而不報虞，則雖主人皆冠，及虞則皆免。爲兄弟，既除喪已，及其葬也，反服其服，報虞、卒哭則免，如不報虞則除之。遠葬者，比反哭者皆冠，及郊而後免，反哭。君弔，雖不當免時也，主人必免，不散麻。雖異國之君，免也。親者皆免。

除殤之喪者，其祭也必玄。除成喪者，其祭也朝服縞冠。

奔父之喪，括髮于堂上，袒，降，踊，襲絰于東方。奔母之喪，不括髮，袒于堂上，降，踊，襲免于東方。絰即位，成踊，出門，哭止。三日而五哭三袒。

適婦不爲舅後者，則姑爲之小功。

禮記卷第三十四

大傳第十六

禮，不王不禘。王者禘其祖之所自出，以其祖配之。諸侯及其大祖。大夫、士有大事，省于其君，干祫及其高祖。

牧之野，武王之大事也。既事而退，柴于上帝，祈于社，設奠于牧室。遂率天下諸侯，執豆籩，逡奔走。追王大王亶父、王季歷、文王昌，不以卑臨尊也。

上治祖禰，尊尊也；下治子孫，親親也；旁治昆弟，合族以食，序以昭繆，別之以禮義，人道竭矣。

聖人南面而聽天下，所且先者五，民不與焉。一曰治親，二曰報功，三曰舉賢，四曰使能，五曰存愛。五者一得于天下，民無不足、無不贍者。五者一物紕繆，民莫得其死。聖人南面而治天下，必自人道始矣。立權度量，考文章，改正朔，易服色，殊徽號，異器械，別衣服，此其所得與民變革者也。其不可得變革者，則有矣。親親也，尊尊也，長長也，男女有別，此其不可得與民變革者也。

同姓從宗，合族屬；異姓主名，治際會。名[illegible]

其夫屬乎父道者，妻皆母道也。其夫屬[illegible]者，是嫂亦可謂之『母』乎？名者，人治之大者也，可無愼乎！

四世而緦，服之窮也。五世袒免，殺同姓也。六世，親屬竭矣。[illegible]而戚單于下，昏姻可以通乎？繫之以姓而弗別，綴之以食而弗[illegible]通者，周道然也。

服術有六，一曰親親，二曰尊尊，三曰名，四曰出[illegible]從服有六，有屬從，有徒從，有從有服而無服，有從無服而有服，有從重而輕，有從輕而重。

自仁率親，等而上之至于祖，名曰輕。自義率祖，順而下之至于禰，名曰重。一輕一重，其義然也。

君有合族之道，族人不得以其戚戚君，位也。

庶子不祭，明其宗也。庶子不得爲長子三年，不祭祖也。別子爲祖，繼別爲宗，繼禰者爲小宗。有百世不遷之宗，有五世則遷之宗。百世不遷者，别子之後也。宗其繼别子者，百世不遷者也。宗其繼高祖者，五世則遷者也。尊祖故敬宗。敬宗，尊祖之義也。

有小宗而無大宗者，有大宗而無小宗者，有無宗亦莫之宗者，公子是也。公子有宗道。公子之公，爲其士大夫之庶者，宗其士大夫之適者，公子之宗道也。

絶族無移服，親者屬也。

自仁率親，等而上之至于祖，自義率祖，順而下之至于禰。是故人道親親也。親親故尊祖，尊祖故敬宗，敬宗故收族，收族故宗廟嚴，宗廟嚴故重社稷，重社稷故愛百姓，愛百姓故刑罰中，刑罰中故庶民安，庶民安故財用足，財用足故百志成，百志成故禮俗刑，禮俗刑然後樂。《詩》云：『不顯不承，無斁于人斯。』此之謂也。

禮記

禮記卷第三十五

少儀第十七

聞始見君子者，辭曰『某固願聞名于將命者』，不得階主；敵者曰『某固願見』。罕見曰『聞名』，亟見曰『朝夕』。瞽曰『聞名』。

適有喪者曰『比』，童子曰『聽事』。

適公卿之喪，則曰『聽役于司徒』。

君將適他，臣如致金玉貨貝于君，則曰『致馬資于有司』；敵者曰『贈從者』。

臣致襚于君，則曰『致廢衣于賈人』；敵者曰『襚』。

親者兄弟，不以襚進。

臣爲君喪，納貨貝于君，則曰『納甸于有司』。

賵馬入廟門，賻馬與其幣，大白兵車，不入廟門。

賻者既致命，坐委之，擯者舉之，主人無親受也。

受立授立，不坐，性之直者，則有之矣。

始入而辭，曰『辭矣』。即席，曰『可矣』。排闔，說屨于户内者，一人而已矣。有尊長在，則否。

問品味，曰『子亟食于某乎？』問道藝，曰『子習于某乎？子善于某乎？』

不疑在躬，不度民械，不願于大家，不訾重器。

氾埽曰埽，埽席前曰拚。拚席不以鬣，執箕膺擖。

不貳問。問卜筮曰：『義與？志與？』義則可問，志則否。

尊長于己逾等，不敢問其年。燕見不將命。遇于道，見則面，不請所之。喪俟事，不犆吊。侍坐，弗使，不執琴瑟，不畫地，手無容，不翣也。寢，則坐而將命。侍射則約矢，侍投則擁矢。勝則洗而以請。客亦如之。不角，不擢馬。

執君之乘車則坐。僕者右帶劍，負良綏，申之面，拖諸幦，以散綏升，執轡然後步。

請見不請退。朝廷曰退，燕游曰歸，師役曰罷。

侍坐于君子，君子欠伸、運笏、澤劍首、還屨、問日之蚤莫，雖請退可也。

事君者量而後入，不入而後量。凡乞假于人，爲人從事者亦然。然，故上無怨而下遠罪也。

不窺密，不旁狎，不道舊故，不戲色。

爲人臣下者，有諫而無訕，有亡而無疾，頌而無諂，諫而無驕。怠則張而相之，廢則埽而更之，謂之社稷之役。

毋拔來，毋報往，毋瀆神，毋循枉，毋測未至。士依于德，游于藝。工依于法，游于說。毋訾衣服成器，毋身質言語。

言語之美，穆穆皇皇；朝廷之美，濟濟翔翔；祭祀之美，齊齊皇皇；車馬之美，匪匪翼翼；鸞和之美，肅肅雍雍。

問國君之子長幼，長，則曰『能從社稷之事矣』；幼，則曰『能御』『未能御』。問大夫之子長幼，長，則曰『能從樂人之事矣』；幼，則曰『能正于樂人』『未能正于樂人』。問士之子長幼，長，則曰『能耕矣』；幼，則曰『能負薪』『未能負薪』。

執玉、執龜筴不趨，堂上不趨，城上不趨。武車不式，介者不拜。

婦人吉事，雖有君賜，肅拜；爲尸坐，則不手拜，肅拜；爲喪主，則不手拜。葛經而麻帶。

取俎、進俎不坐。執虛如執盈，入虛如有人。

凡祭，于室中、堂上無跣，燕則有之。

未嘗不食新。

僕于君子，君子升下則授綏，始乘則式。君子下行，然後還立。

乘貳車則式，佐車則否。貳車者，諸侯七乘，上大夫五乘，下大夫三乘。

有貳車者之乘馬、服車不齒。觀君子之衣服、服劍、乘馬弗賈。

其以乘壺酒、束脩、一犬賜人。若獻人，則陳酒、執脩以將命，亦曰『乘壺酒、束脩、一犬』。其以鼎肉，則執以將命。其禽加于一雙，則執一雙以將命，委其餘。犬則執緤，守犬、田犬則授擯者，既受，乃問犬名。牛則執紖，馬則執靮，皆右之。臣則左之。車則説綏，執以將命。甲，若有以前之，則執以將命；無以前之，則袒櫜奉胄。器則執蓋，弓則以左手屈韣執拊。劍則啓櫝，蓋襲之，加夫襓與劍焉。笏、書、脩、苞苴、弓、茵、席、枕、几、熲、杖、琴、瑟、戈有刃者櫝、筴、籥，其執之，皆尚左手。刀，却刃授穎，削授拊。凡有刺刃者，以授人則辟刃。

乘兵車，出先刃，入後刃。軍尚左，卒尚右。

賓客主恭，祭祀主敬，喪事主哀，會同主詡。

軍旅思險，隱情以虞。

燕侍食于君子，則先飯而後已。毋放飯，毋流歠，小飯而亟之，數噍，毋爲口容。客自徹，辭焉則止。

客爵居左，其飲居右。介爵、酢爵、僎爵，皆居右。

羞濡魚者進尾。冬右腴，夏右鰭，祭膴。

凡齊，執之以右，居之以左。

贊幣自左，詔辭自右。

酌尸之僕，如君之僕。其在車，則左執轡，右受爵，祭左右軌、范，乃飲。

凡羞有俎者，則于俎内祭。君子不食圂腴。小子走而不趨，舉爵則坐立飲。

凡洗必盥。牛羊之肺，離而不提心。凡羞有湆者，不以齊。爲君子擇葱薤，則絶其本末。羞首者，進喙祭耳。尊者以酌者之左爲上尊。尊壺者面其鼻。飲酒者、機者、醮者，有折俎不坐。未步爵，不嘗羞。牛與羊魚之腥，聶而切之爲膾。麋鹿爲菹，野豕爲軒，皆聶而不切。麕爲辟鷄，兔爲宛脾，皆聶而切之。切葱若薤實之，醯以柔之。其有折俎者，取祭肺，反之，不坐，燔亦如之。尸則坐。

衣服在躬，而不知其名爲罔。

其未有燭，而有後至者，則以在者告。道瞽亦然。凡飲酒，爲獻主者，執燭抱燋，客作而辭，然後以授人。執燭不讓，不辭，不歌。

洗、盥、執食飲者，勿氣。有問焉，則辟咡而對。

爲人祭曰致福，爲己祭而致膳于君子曰膳，祔、練曰告。凡膳、告于君子，主人展之，以授使者于阼階之南，南面，再拜稽首送，反命，主人又再拜稽首。其禮，大牢則以牛左肩、臂、臑折九个，少牢則以羊左肩七个，犆豕則以豕左肩五个。

國家靡敝，則車不雕幾，甲不組縢，食器不刻鏤，君子不履絲屨，馬不常秣。

禮記卷第三十六

學記第十八

發慮憲，求善良，足以謏聞，不足以動衆。就賢體遠，足以動衆，未足以化民。

君子如欲化民成俗，其必由學乎！

玉不琢，不成器；人不學，不知道。是故古之王者建國君民，教學爲先。《兑命》曰『念終始典于學』。其此之謂乎！

雖有嘉肴，弗食，不知其旨也；雖有至道，弗學，不知其善也。是故學然後知不足，教然後知困。知不足，然後能自反也；知困，然後能自强也。故曰『教學相長也』。《兑命》曰『學學半』。其此之謂乎！

古之教者，家有塾，黨有庠，術有序，國有學。比年入學，中年考校。一年視離經辨志，三年視敬業樂群，五年視博習親師，七年視論學取友，謂之小成。九年知類通達，强立而不反，謂之大成。夫然後足以化民易俗，近者説服，而遠者懷之。此大學之道也。《記》曰『蛾子時術之』。其此之謂乎！

大學始教，皮弁祭菜，示敬道也。《宵雅》肄三，官其始也。入學鼓篋，孫……也。……楚二物，收其威也。未卜禘，不視學，游其志也。時觀而弗語，存其心也。幼者……而弗問，學不躐等也。此七者，教之大倫也。《記》曰：『凡學，官先事，士先志。』……謂乎

大學之教也，時。教必有正業，退息必有居。學，不學操縵，不能安弦；不……博依，不能安《詩》；不學雜服，不能安禮；不興其藝，不能樂學。故君子之于學也……藏焉，脩焉，息焉，游焉。夫然，故安其學而親其師，樂其友而信其道。是以雖離師……輔而不反也。《兑命》曰：『敬孫務時敏，厥脩乃來。』其此之謂乎！

今之教者，呻其占畢，多其訊，言及于數，進而不顧其安，使人不由其誠，教人……不盡其材，其施之也悖，其求之也佛。夫然，故隱其學而疾其師，苦其難而不知其……益也。雖終其業，其去之必速。教之不刑，其此之由乎！

大學之法，禁于未發之謂豫，當其可之謂時，不陵節而施之謂孫，相觀而善之……謂摩。此四者，教之所由興也。

發然後禁，則扞格而不勝；時過然後學，則勤苦而難成；雜施而不孫，則壞亂……而不脩；獨學而無友，則孤陋而寡聞；燕朋逆其師；燕辟廢其學。此六者，教之所……由廢也。

君子既知教之所由興，又知教之所由廢，然後可以爲人師也。故君子之教喻……也，道而弗牽，强而弗抑，開而弗達。道而弗牽則和，强而弗抑則易，開而弗達則思。……和易以思，可謂善喻矣。

學者有四失，教者必知之。人之學也，或失則多，或失則寡，或失則易，或失則……止。此四者，心之莫同也。知其心，然後能救其失也。教也者，長善而救其失者也。

善歌者使人繼其聲，善教者使人繼其志。其言也約而達，微而臧，罕譬而喻，……可謂繼志矣。

君子知至學之難易，而知其美惡，然後能博喻；能博喻然後能爲師；能爲師……然後能爲長；能爲長然後能爲君。故師也者，所以學爲君也。是故擇師不可不慎……也。《記》曰『三王、四代唯其師』。此之謂乎！

凡學之道，嚴師爲難。師嚴然後道尊，道尊然後民知敬學。是故君之所不臣于其臣者二：當其爲尸，則弗臣也；當其爲師，則弗臣也。大學之禮，雖詔于天子，無北面，所以尊師也。

善學者師逸而功倍，又從而庸之；不善學者師勤而功半，又從而怨之。善問者如攻堅木，先其易者，後其節目，及其久也，相說以解；不善問者反此。善待問者如撞鐘，叩之以小者則小鳴，叩之以大者則大鳴，待其從容，然後盡其聲；不善答問者反此。此皆進學之道也。

記問之學，不足以爲人師，必也其聽語乎！力不能問，然後語之。語之而不知，雖捨之可也。

良冶之子，必學爲裘；良弓之子，必學爲箕；始駕者反之，車在馬前。君子察于此三者，可以有志于學矣。

古之學者，比物醜類。鼓無當于五聲，五聲弗得不和。水無當于五色，五色弗得不章。學無當于五官，五官弗得不治。師無當于五服，五服弗得不親。

君子曰：『大德不官，大道不器，大信不約，大時不齊。察于此四者，可以有志于學矣。』三王之祭川也，皆先河而後海，或源也，或委也。此之謂務本。

禮記卷第三十七

樂記第十九

凡音之起，由人心生也。人心之動，物使之然也。感于物而動，故形于聲。聲相應，故生變，變成方，謂之音。比音而樂之，及干戚、羽旄，謂之樂。

樂者，音之所由生也，其本在人心之感于物也。是故其哀心感者，其聲噍以殺；其樂心感者，其聲嘽以緩；其喜心感者，其聲發以散；其怒心感者，其聲粗以厲；其敬心感者，其聲直以廉；其愛心感者，其聲和以柔。六者非性也，感于物而後動。是故先王慎所以感之者。故禮以道其志，樂以和其聲，政以一其行，刑以防其奸。禮、樂、刑、政，其極一也，所以同民心而出治道也。

凡音者，生人心者也。情動于中，故形于聲。聲成文，謂之音。是故治世之音，安以樂，其政和；亂世之音，怨以怒，其政乖；亡國之音，哀以思，其民困。聲音之道，與政通矣。

宮爲君，商爲臣，角爲民，徵爲事，羽爲物。五者不亂，則無怗懘之音矣。宮亂

則荒，其君驕；商亂則陂，其官壞；角亂則憂，其民怨；徵亂則哀，其事勤；

則危，其財匱。五者皆亂，迭相陵，謂之慢。如此，則國之滅亡無日矣。

鄭、衛之音，亂世之音也，比于慢矣。桑間、濮上之音，亡國之音也，其政散，

民流，誣上行私而不可止也。

凡音者，生于人心者也；樂者，通倫理者也。是故知聲而不知音者，禽

也；知音而不知樂者，衆庶是也。唯君子爲能知樂。是故審聲以知音，審音以知樂，審樂以知政，而治道備矣。是故不知聲者，不可與言音；不知音者，不可與言樂。知樂，則幾于禮矣。禮樂皆得，謂之有德。德者，得也。是故樂之隆，非極音也；食饗之禮，非致味也。《清廟》之瑟，朱弦而疏越，壹倡而三嘆，有遺音者矣。大饗之禮，尚玄酒而俎腥魚。大羹不和，有遺味者矣。是故先王之制禮樂也，非以極口腹耳目之欲也，將以教民平好惡，而反人道之正也。

人生而靜，天之性也。感于物而動，性之欲也。物至知知，然後好惡形焉。好惡無節于內，知誘于外，不能反躬，天理滅矣。夫物之感人無窮，而人之好惡無節，

則是物至而人化物也。人化物也者，滅天理而窮人欲者也。于是有悖逆詐僞之心，有淫泆作亂之事。是故强者脅弱，衆者暴寡，知者詐愚，勇者苦怯，疾病不養，老幼孤獨不得其所，此大亂之道也。

是故先王之制禮樂，人爲之節。衰麻哭泣，所以節喪紀也；鐘鼓干戚，所以和安樂也；昏姻冠笄，所以别男女也；射、鄉食饗，所以正交接也。禮節民心，樂和民聲，政以行之，刑以防之。禮、樂、刑、政，四達而不悖，則王道備矣。

樂者爲同，禮者爲異。同則相親，異則相敬。樂勝則流，禮勝則離。合情飾貌者，禮樂之事也。禮義立，則貴賤等矣；樂文同，則上下和矣；好惡著，則賢不肖别矣；刑禁暴，爵舉賢，則政均矣。仁以愛之，義以正之。如此，則民治行矣。

樂由中出，禮自外作。樂由中出，故静；禮自外作，故文。大樂必易，大禮必簡。樂至則無怨，禮至則不争。揖讓而治天下者，禮樂之謂也。暴民不作，諸侯賓服，兵革不試，五刑不用，百姓無患，天子不怒，如此，則樂達矣。合父子之親，明長幼之序，以敬四海之内，天子如此，則禮行矣。

大樂與天地同和，大禮與天地同節。和，故百物不失；節，故祀天祭地。明則有禮樂，幽則有鬼神。如此，則四海之内，合敬同愛矣。禮者，殊事合敬者也；樂者，異文合愛者也。禮樂之情同，故明王以相沿也。故事與時並，名與功偕。

故鐘鼓管磬，羽籥干戚，樂之器也；屈伸俯仰，綴兆舒疾，樂之文也。簠簋俎豆，制度文章，禮之器也；升降上下，周還裼襲，禮之文也。故知禮樂之情者能作，識禮樂之文者能述。作者之謂聖，述者之謂明。明聖者，述作之謂也。

樂者，天地之和也；禮者，天地之序也。和，故百物皆化；序，故群物皆别。樂由天作，禮以地制。過制則亂，過作則暴。明于天地，然後能興禮樂也。

論倫無患，樂之情也；欣喜歡愛，樂之官也。中正無邪，禮之質也；莊敬恭順，禮之制也。若夫禮樂之施于金石，越于聲音，用于宗廟社稷，事乎山川鬼神，則此所與民同也。

王者功成作樂，治定制禮。其功大者其樂備，其治辯者其禮具。干戚之舞，非備樂也；孰亨而祀，非達禮也。五帝殊時，不相沿樂；三王異世，不相襲禮。樂極則憂，禮粗則偏矣。及夫敦樂而無憂，禮備而不偏者，其唯大聖乎？

天高地下，萬物散殊，而禮制行矣。流而不息，合同而化，而樂興焉。春作夏長，仁也；秋斂冬藏，義也。仁近于樂，義近于禮。樂者敦和，率神而從天；禮者別宜，居鬼而從地。故聖人作樂以應天，制禮以配地。禮樂明備，天地官矣。

天尊地卑，君臣定矣。卑高已陳，貴賤位矣。動靜有常，小大殊矣。方以類聚，物以群分，則性命不同矣。在天成象，在地成形。如此，則禮者，天地之別也。地氣上齊，天氣下降，陰陽相摩，天地相蕩，鼓之以雷霆，奮之以風雨，動之以四時，暖之以日月，而百化興焉。如此，則樂者，天地之和也。化不時則不生，男女無辨則亂升，天地之情也。

及夫禮樂之極乎天而蟠乎地，行乎陰陽而通乎鬼神，窮高極遠而測深厚。樂著大始，而禮居成物。著不息者，天也；著不動者，地也。一動一靜者，天地之間也。故聖人曰『禮樂』云。

禮記

禮記卷第三十八

樂記第十九

昔者舜作五弦之琴以歌《南風》，夔始制樂以賞諸侯。故天子之為樂也，以賞諸侯之有德者也。德盛而教尊，五穀時熟，然後賞之以樂。故其治民勞者，其舞行……行綴短。

故觀其舞，知其德；聞其謚，知其行也。《大章》，章之也。《咸池》，備矣。《韶》，繼也。《夏》，大也。殷、周之樂，盡矣。

天地之道，寒暑不時則疾，風雨不節則饑。教者，民之寒暑也，教不時則傷世；事者，民之風雨也，事不節則無功。然則先王之為樂也，以法治也，善則行象德……

夫豢豕為酒，非以為禍也，而獄訟益繁，則酒之流生禍也。是故先王因為酒……獻之禮，賓主百拜，終日飲酒而不得醉焉。此先王之所以備酒禍也……所以合歡也；樂者，所以象德也；禮者，所以綴淫也。是故先王有……之，有大福，必有禮以樂之。哀樂之分，皆以禮終……

可以善民心。其感人深，其移風易俗，故先王著其教焉。

夫民有血氣心知之性，而無哀樂喜怒之常，應感起物而動，然後心術形焉。是故志微、噍殺之音作，而民思憂；嘽諧、慢易、繁文、簡節之音作，而民康樂；粗厲、猛起、奮末、廣賁之音作，而民剛毅；廉直、勁正、莊誠之音作，而民肅敬；寬裕、肉好、順成、和動之音作，而民慈愛；流辟、邪散、狄成、滌濫之音作，而民淫亂。

是故先王本之情性，稽之度數，制之禮義，合生氣之和，道五常之行，使之陽而不散，陰而不密，剛氣不怒，柔氣不懾，四暢交于中，而發作于外，皆安其位而不相奪也。然後立之學等，廣其節奏，省其文采，以繩德厚，律小大之稱，比終始之序，以象事行，使親疏、貴賤、長幼、男女之理，皆形見于樂，故曰『樂觀其深矣』。

土敝則草木不長，水煩則魚鱉不大，氣衰則生物不遂，世亂則禮慝而樂淫。是故其聲哀而不莊，樂而不安，慢易以犯節，流湎以忘本；廣則容奸，狹則思欲；感

順氣成象，而和樂興焉。倡和有應，回邪曲直，各歸其分，而萬物之理，各以類相動也。是故君子反情以和其志，比類以成其行。奸聲亂色，不留聰明；淫樂慝禮，不接心術。惰慢邪辟之氣，不設于身體，使耳、目、鼻、口、心知、百體，皆由順正，以行其義。

然後發以聲音，而文以琴瑟，動以干戚，飾以羽旄，從以簫管。奮至德之光，動四氣之和，以著萬物之理。是故清明象天，廣大象地，終始象四時，周還象風雨。五色成文而不亂，八風從律而不奸，百度得數而有常。小大相成，終始相生，倡和清濁，迭相爲經。故樂行而倫清，耳目聰明，血氣和平，移風易俗，天下皆寧。

故曰：樂者，樂也。君子樂得其道，小人樂得其欲。以道制欲，則樂而不亂；以欲忘道，則惑而不樂。是故君子反情以和其志，廣樂以成其教。樂行而民鄉方，可以觀德矣。德者，性之端也；樂者，德之華也。金石絲竹，樂之器也。詩，言其志也；歌，咏其聲也；舞，動其容也。三者本于心，然後樂器從之。是故情深而文明，氣盛而化神，和順積中，而英華發外，唯樂不可以爲僞。

樂者，心之動也；聲者，樂之象也。文采節奏，聲之飾也。君子動其本，樂其象，然後治其飾。是故先鼓以警戒，三步以見方，再始以著往，復亂以飭歸，奮疾而不拔，極幽而不隱，獨樂其志，不厭其道；備舉其道，不私其欲。是故情見而義立，樂終而德尊，君子以好善，小人以聽過。故曰：生民之道，樂爲大焉。

樂也者，施也；禮也者，報也。樂，樂其所自生；而禮，反其所自始。樂章德，禮報情，反始也。

所謂大輅者，天子之車也。龍旂九旒，天子之旌也。青黑緣者，天子之寶龜也。從之以牛羊之群，則所以贈諸侯也。

樂也者，情之不可變者也；禮也者，理之不可易者也。樂統同，禮辨異。禮樂之說，管乎人情矣。

窮本知變，樂之情也；著誠去僞，禮之經也。禮樂偩天地之情，達神明之德，降興上下之神，而凝是精粗之體，領父子君臣之節。

是故大人舉禮樂，則天地將爲昭焉。天地訢合，陰陽相得，煦嫗覆育萬物，然後草木茂，區萌達，羽翼奮，角觡生，蟄蟲昭蘇，羽者嫗伏，毛者孕鬻，胎生者不殰，而卵生者不殈，則樂之道歸焉耳。

樂者，非謂黃鐘、大呂、弦歌、干揚也，樂之末節也，故童者舞之。鋪筵席，陳尊俎，列籩豆，以升降爲禮者，禮之末節也，故有司掌之。樂師辨乎聲詩，故北面而弦；宗祝辨乎宗廟之禮，故後尸；商祝辨乎喪禮，故後主人。是故德成而上，藝成而下，行成而先，事成而後。是故先王有上有下，有先有後，然後可以有制于天下也。

魏文侯問于子夏曰：「吾端冕而聽古樂，則唯恐卧；聽鄭衛之音，則不知倦。敢問古樂之如彼，何也？新樂之如此，何也？」

子夏對曰：「今夫古樂，進旅退旅，和正以廣，弦匏笙簧，會守拊鼓。始奏以文，復亂以武。治亂以相，訊疾以雅。君子于是語，于是道古。脩身及家，平均天下。此古樂之發也。」

禮記卷第三十九

樂記第十九

「今夫新樂，進俯退俯，奸聲以濫，溺而不止。及優、侏儒，獶雜子女，不知父子。樂終，不可以語，不可以道古。此新樂之發也。今君之所問者樂也，所好者音也！夫樂者，與音相近而不同。」文侯曰：「敢問何如？」

子夏對曰：「夫古者天地順而四時當，民有德而五穀昌，疾疢不作而無妖祥，此之謂大當。然後聖人作爲父子君臣，以爲紀綱。紀綱既正，天下大定。天下大定，然後正六律，和五聲，弦歌《詩·頌》，此之謂德音，德音之謂樂。《詩》云：「莫其德音，其德克明。克明克類，克長克君。王此大邦，克順克俾。俾于文王，其德靡悔。既受帝祉，施于孫子。」此之謂也。今君之所好者，其溺音乎？」文侯曰：「敢問溺音何從出也？」

子夏對曰：「鄭音好濫淫志，宋音燕女溺志，衛音趨數煩志，齊音敖辟喬志。此四者，皆淫于色而害于德，是以祭祀弗用也。

《詩》云：「肅雍和鳴，先祖是聽。」夫肅，肅敬也；雍，雍和也。夫敬以和，何事不行？」

「爲人君者，謹其所好惡而已矣。君好之，則臣爲之。上行之，則民從之。《詩》云「誘民孔易」。此之謂也。」

然後聖人作爲鞉、鼓、椌、楬、壎、篪。此六者，德音之音也。然後鍾、磬、竽、瑟以和之，干、戚、旄、狄以舞之。此所以祭先王之廟也，所以獻、酬、酳、酢也，所以官序貴賤各得其宜也，所以示後世有尊卑長幼之序也。

鍾聲鏗，鏗以立號，號以立橫，橫以立武。君子聽鍾聲，則思武臣。石聲磬，磬以立辨，辨以致死。君子聽磬聲，則思死封疆之臣。絲聲哀，哀以立廉，廉以立志。君子聽琴瑟之聲，則思志義之臣。竹聲濫，濫以立會，會以聚衆。君子聽竽、笙、簫、對曰：「病不得衆也。」

「咏嘆之，淫液之，何也？」對曰：「恐不逮事也。」「發揚蹈厲之已蚤，何也？」對曰：「及時事也。」「《武》坐，致右憲左，何也？」對曰：「非《武》坐也。」「聲淫及商，何也？」對曰：「非《武》音也。」子曰：「若非《武》音，則何音也？」對曰：「有司失其傳也。若非有司失其傳，則武王之志荒矣。」子曰：「唯。丘之聞諸萇弘，亦若吾子之言是也。」

賓牟賈起，免席而請曰：「夫《武》之備戒之已久，則既聞命矣，敢問遲之遲而又久，何也？」子曰：「居，吾語汝。夫樂者，象成者也；揔干而山立，武王之事也；發揚蹈厲，大公之志也。《武》亂皆坐，周、召之治也。

「且夫《武》，始而北出，再成而滅商，三成而南，四成而南國是疆，五成而分周公左，召公右，六成復綴以崇。

「天子夾振之而駟伐，盛威于中國也。分夾而進，事蚤濟也。久立于綴，以待諸侯之至也。且女獨未聞牧野之語乎？武王克殷反商，未及下車而封黃帝之後于薊，封帝堯之後于祝，封帝舜之後于陳；下車而封夏后氏之後于杞，投殷之後于宋，封王子比干之墓，釋箕子之囚，使之行商容而復其位。庶民弛政，庶士倍祿。濟河而西，馬散之華山之陽而弗復乘，牛散之桃林之野而弗復服，車甲釁而藏之府庫而弗復用，倒載干戈，包之以虎皮，將帥之士使爲諸侯，名之曰「建櫜」。然後天下……復用兵也。

……而交射，左射《貍首》，右射《騶虞》，而貫革之射息也。裨冕搢笏，而虎……祀乎明堂，而民知孝。朝覲，然後諸侯知所以臣；耕藉，然後諸侯……首，天下之大教也。食三老、五更于大學，天子袒而割牲，執醬而饋，……冕而揔干，所以教諸侯之弟也。若此，則周道四達，禮樂交通，則夫《武》……宜乎」

……可斯須去身。致樂以治心，則易、直、子、諒之心油然生矣。易、……心生則樂，樂則安，安則久，久則天，天則神。天則不言而信，神則不怒……以治心者也。

致禮以治躬，則莊敬，莊敬則嚴威。心中斯須不和不樂，而鄙詐之心入之矣。外貌斯須不莊不敬，而易慢之心入之矣。

故樂也者，動于內者也；禮也者，動

則民瞻其顏色而弗與爭也，望其容貌而民不生易慢焉。故德煇動于內，而

聽；理發諸外，而民莫不承順。故曰：致禮

樂也者，動于內者也；禮也者，動于外者也。故禮主其減，樂主其盈。

進，以進爲文；樂盈而反，以反爲文。禮減而

報而樂有反。禮得其報則樂，樂得其反則安

夫樂者，樂也，人情之所不能免也。樂必發于聲音，形于動靜，人

音動靜，性術之變，盡于此矣。

故人不耐無樂，樂不耐無形。形而不爲

先王耻其亂，故制《雅》、《頌》之聲以道之，使其聲足樂而不流，使其文足

而不息，使其曲直、繁瘠、廉肉、節奏，足以感動人之善心而已矣，不使放

聽之，則莫不和順；在閨門之內，父子兄弟同聽之，則莫不和親。故樂者，審一以定和，比物以飾節，節奏合以成文，所以合和父子君臣，附親萬民也。是先王立樂之方也。

故聽其《雅》、《頌》之聲，志意得廣焉；執其干戚，習其俯仰詘伸，容貌得莊焉；行其綴兆，要其節奏，行列得正焉，進退得齊焉。故樂者，天地之命，中和之紀、人情之所不能免也。

夫樂者，先王之所以飾喜也；軍、旅、鈇、鉞者，先王之所以飾怒也。故先王之喜怒，皆得其儕焉。喜則天下和之，怒則暴亂者畏之。先王之道，禮樂可謂盛矣。

子贛見師乙而問焉，曰：『賜聞聲歌各有宜也，如賜者宜何歌也？』師乙曰：『乙，賤工也，何足以問所宜？請誦其所聞，而吾子自執焉。寬而靜、柔而正者，宜歌《頌》；廣大而靜、疏達而信者，宜歌《大雅》；恭儉而好禮者，宜歌

《小雅》；正直而静、廉而謙者，宜歌《風》；肆直而慈愛者，宜歌《商》；温良而能斷者，宜歌《齊》。夫歌者，直己而陳德也，動己而天地應焉，四時和焉，星辰理焉，萬物育焉。故《商》者，五帝之遺聲也，商人識之，故謂之《商》；《齊》者，三代之遺聲也，齊人識之，故謂之《齊》。明乎商之音者，臨事而屢斷；明乎齊之音者，見利而讓。臨事而屢斷，勇也；見利而讓，義也。有勇有義，非歌孰能保此？故歌者，上如抗，下如隊，曲如折，止如槀木，倨中矩，句中鈎，纍纍乎端如貫珠。故歌之爲言也，長言之也。説之，故言之；言之不足，故長言之；長言之不足，故嗟嘆之；嗟嘆之不足，故不知手之舞之、足之蹈之也。』《子貢問樂》。

禮記

禮記卷第四十

雜記上第二十

諸侯行而死于館，則其復如于其國。如于道，則升其乘車之左轂，以其綏復。其輤有裧，緇布裳帷，素錦以爲屋而行。

至于廟門，不毁墻，遂入，適所殯，唯輤爲説于廟門外。

大夫、士死于道，則升其乘車之左轂，以其綏復。如于館死，則其復如于家。大夫以布爲輤而行，至于家而説輤，載以輲車，入自門，至于阼階下而説車，舉[illegible]階，升適所殯。

士輤，葦席以爲屋，蒲席以爲裳帷。

凡訃于其君，曰『君之臣某死』；父母、妻、長子，曰『君之臣某之某死』；君[illegible]訃于他國之君，曰『寡君不禄，敢告于執事』；夫人，曰『寡小君不禄』；[illegible]曰『寡君之適子某死』。

大夫訃于同國適者，曰『某不禄』，訃于士，亦曰[illegible]

君，曰『君之外臣寡大夫某死』；訃于適者，曰『吾子之外私寡大夫某不禄，使某實』；訃于士，亦曰『吾子之外私寡大夫某不禄，使某實』。

士訃于同國大夫，曰『某死』；訃于士，亦曰『某死』；訃于他國之君，曰『君之外臣某死』，訃于大夫，曰『吾子之外私某死』；訃于士，亦曰『吾子之外私某死』。大夫次于公館以終喪，士練而歸，士次于公館。大夫居廬，士居堊室。

大夫爲其父母兄弟之未爲大夫者之喪，服如士服。士爲其父母兄弟之爲大夫者之喪，服如士服。

大夫之適子，服大夫之服。

大夫之庶子爲大夫，則爲其父母服大夫服，其位與未爲大夫者齒。

士之子爲大夫，則其父母弗能主也，使其子主之。無子則爲之置後。

大夫卜宅與葬日，有司麻衣、布衰、布帶，因喪屨，緇布冠不蕤，占者皮弁。如筮，則史練冠長衣以筮，占者朝服。

大夫之喪，既薦馬，薦馬者哭踴，出乃包奠，而讀書。

大夫之喪，大宗人相，小宗人命龜，卜人作龜。

內子以鞠衣、褒衣，素沙。下大夫以襢衣，其餘如士。

復，諸侯以褒衣、冕服、爵弁服，夫人稅衣揄狄，狄稅素沙。

復西上。大夫不揄絞，屬于池下。

大夫附于士，士不附于大夫，附于大夫之昆弟。無昆弟則從其昭穆。雖王父母在，亦然。

婦附于其夫之所附之妃，無妃則亦從其昭穆之妃。妾附于妾祖姑，無妾祖姑則亦從其昭穆之妾。

男子附于王父則配，女子附于王母則不配。公子附于公子。君薨，大子號稱『子』，待猶君也。

禮記卷第四十一

雜記上第二十

有三年之練冠，則以大功之麻易之，唯杖、屨不易。

有父母之喪，尚功衰，而附兄弟之殤，則練冠附于殤，稱『陽童某甫』，不名，神也。

凡異居，始聞兄弟之喪，唯以哭對可也。其始麻，散帶絰。未服麻而奔喪，及主人之未成絰也，疏者與主人皆成之，親者終其麻帶絰之日數。

主妾之喪，則自祔，至于練、祥，皆使其子主之，其殯、祭不于正室。君不撫僕、妾。

女君死，則妾爲女君之黨服。攝女君，則不爲先女君之黨服。

聞兄弟之喪，大功以上，見喪者之鄉而哭。適兄弟之送葬者，弗及，遇主人于道，則遂之于墓。凡主兄弟之喪，雖疏，亦虞之。

凡喪服未畢，有吊者，則爲位而哭，拜，踴。

大夫之哭大夫，弁絰。大夫與殯，亦弁絰。

大夫有私喪之葛，則于其兄弟之輕喪則弁絰。

爲長子杖，則其子不以杖即位。

爲妻，父母在，不杖，不稽顙。

母在，不稽顙。稽顙者，其贈也，拜。

違諸侯，之大夫，不反服。違大夫，之諸侯，不反服。

喪冠，條屬，以别吉凶。三年之練冠，亦條屬，右縫。小功以下，左。緦冠，繰纓。

大功以上散帶。

朝服十五升，去其半而緦，加灰，錫也。

諸侯相襚，以後路與冕服。先路與褒衣不以襚。

遣車視牢具。

疏布輤，四面有章，置于四隅。

載粻，有子曰：『非禮也。喪奠，脯醢而已。』

祭，稱孝子、孝孫。喪，稱哀子、哀孫。

端衰，喪車，皆無等。

大白冠、緇布之冠，皆不蕤。委武，玄、縞而後蕤。

大夫冕而祭于公，弁而祭于己；士弁而祭于公，冠而祭于己。士弁而親迎，然則士弁而祭于己可也。

暢，臼以椈，杵以梧，枇以桑，長三尺，或曰五尺。畢用桑，長三尺，刊其柄與末。

率帶，諸侯、大夫皆五采，士二采。

醴者，稻醴也。甕、甒、筲、衡，實見間，而後折入。

重，既虞而埋之。

凡婦人，從其夫之爵位。小斂、大斂、啓，皆辯拜。

朝夕哭，不帷。

無柩者，不帷。

君若載而後吊之，則主人東面而拜，門右北面而踴，出待，反而後奠。

子羔之襲也，繭衣裳與稅衣、纁袡爲一，素端一，皮弁一，爵弁一，玄冕一。曾子曰：『不襲婦服。』

爲君使而死，公館復，私館不復。公館者，公宮與公所爲也。私館者，自卿大夫以下之家也。公七踴，大夫五踴，婦人居間，士三踴，婦人皆居間。

公襲：卷衣一，玄端一，朝服一，素積一，纁裳一，爵弁二，玄冕一，褒衣一，朱綠帶，申加大帶于上。

小斂，環絰，公、大夫、士一也。

公視大斂，公升，商祝鋪席，乃斂。

魯人之贈也，三玄二纁，廣尺，長終幅。

吊者即位于門西，東面。其介在其東南，北面西上，西于門。主孤西面。相者受命曰：『孤某使某請事。』客曰：『寡君使某，如何不淑！』相者入告，出曰：『孤某須矣。』吊者入，主人升堂，西面。吊者升自西階，東面，致命曰：『寡君聞君之喪，寡君使某，如何不淑！』子拜稽顙，吊者降，反位。

含者執璧將命曰：『寡君使某含。』相者入告，出曰：『孤某須矣。』含者入，升堂致命，再拜稽顙。含者坐委于殯東南，有葦席，既葬，蒲席。降，出反位。宰夫朝服，即喪屨，升自西階，西面坐取璧，降自西階以東。

襚者曰：『寡君使某襚。』相者入告，出曰：『孤某須矣。』襚者執冕服，左執領，右執要。入，升堂致命曰：『寡君使某襚。』子拜稽顙。委衣于殯東。襚者降，受爵弁服而門內霤，將命，子拜稽顙如初。受皮弁服于中庭，自西階受朝服，自堂受玄端，將命，子拜稽顙，皆如初。襚者降，出反位。宰夫五人舉以東，降自西階，其舉亦西面。

上介賵，執圭將命曰：『寡君使某賵。』相者入告，反命曰：『孤某須矣。』陳乘黄大路于中庭，北輈，執圭將命。客使自下由路西，子拜稽顙。坐委于殯東南隅。宰舉以東。

凡將命，鄉殯，將命，子拜稽顙，西面而坐委之。宰舉璧與圭，宰夫舉襚，升自西階，西面坐取之，降自西階。賵者出，反位于門外。

上客臨，曰：『寡君有宗廟之事，不得承事，使一介老某相執綍。』相者反命曰：『孤某須矣。』臨者入門右，介者皆從之，立于其左，東上。宗人納賓，升，受命于君。降曰：『孤敢辭吾子之辱，請吾子之復位！』客對曰：『寡君命，某毋敢視賓客，敢辭。』宗人反命曰：『孤敢固辭吾子之辱，請吾子之復位！』客對曰：『寡君命，某毋敢視賓客，敢固辭！』宗人反命曰：『孤敢固辭吾子之辱，請吾子之復位！』客對曰：『寡君命，使臣某毋敢視賓客，是以敢固辭。固辭不獲命，敢不敬從！』客立于門西，介立于其左，東上。孤降自阼階，拜之。升，哭，與客拾踊三。客出，送于門外，拜稽顙。

其國有君喪，不敢受吊。外宗房中南面，小臣鋪席，商祝鋪絞、紟、衾，士盥于盤北，舉遷尸于斂上，卒斂，宰告。子馮之踊。夫人東面坐馮之，興踊。士喪有與天子同者三，其終夜燎，及乘人，專道而行。